近代广州与开平侨乡民居立面研究

傅娟 李月明 著

中国建筑工业出版社

图书在版编目（CIP）数据

近代广州与开平侨乡民居立面研究 / 傅娟，李月明
著 . 一北京：中国建筑工业出版社，2024.12.
ISBN 978-7-112-30889-7

I. TU241.5

中国国家版本馆CIP数据核字第2025SE6001号

责任编辑：徐昌强　陈夕涛　李　东
责任校对：王　烨

近代广州与开平侨乡民居立面研究

傅　娟　李月明　著

*

中国建筑工业出版社出版、发行（北京海淀三里河路9号）

各地新华书店、建筑书店经销

华之逸品书装设计制版

建工社（河北）印刷有限公司印刷

*

开本：787毫米×1092毫米　1/16　印张：17½　字数：286千字

2025年3月第一版　　2025年3月第一次印刷

定价：**88.00**元

ISBN　978-7-112-30889-7

（43802）

我心归处是故乡

——守护好海外游子的故土家园

一、侨居研究的社会意义：守护好海外游子的故土家园

时光荏苒，自2015年申请"国家自然科学青年基金项目（项目名称：文化传播视角下的珠三角乡村近代民居研究）"获批，我研究侨居不知不觉已经近十年。

2018年由国家自然科学青年基金支持，我主编的第一本侨居建筑学术专著《"掘金时代"的传承与新生——广州近代乡村侨居现状及保护活化利用研究》（齐艳的硕士论文）在中国建筑工业出版社出版。2020年第二本侨居建筑学术专著《符号·建筑——佛山洋楼研究》（周文昭的硕士论文）在中国建筑工业出版社出版。硕士研究生李月明的这本《近代广州与开平侨乡民居立面研究》是第三本侨居建筑学术专著。2020年全球疫情暴发，李月明在疫情最严重的三年间完成了对开平侨居的现场调研工作，获取大量第一手资料，完成硕士毕业论文的撰写并通过盲审，顺利毕业，实属难得。

这十年间，我对于华侨建筑的研究也不断拓展，从乡村侨居扩展到城市侨居，研究类型不断多样化，除了华侨居住建筑，华侨学校、华侨医院等其他华侨资助建设的建筑类型也纳入研究范围。例如，2024年即将毕业的硕士研究生张悦研究的是近代华侨教育百年建筑——东山口广

州培正中学。

随着对华侨建筑研究的逐步深入，我越来越感受到海外华侨的爱国思乡之情。例如，当开平海外华侨后人回到祖居，看到墙上挂着自己的照片而潸然泪下时，当97岁的海外华侨带着30多人的子孙回乡祭祖时……"我心归处是故乡"或许是海外游子共同的心声。因此，保护好尚存的近代侨居建筑，并结合现实情况改造再利用近代侨居建筑，守护好海外游子的故土家园，是我们华侨建筑研究者共同的社会责任。

二、侨居研究的学术意义：世界文化遗产——开平侨乡民居

开平侨乡民居是中国唯一一个华侨文化主题的世界文化遗产。2007年6月28日，在新西兰基督城召开的联合国教科文组织第31届世界遗产委员会大会上，"开平碉楼与村落"申报世界文化遗产项目顺利通过表决，被正式列入《世界遗产名录》，成为中国第35处世界遗产（遗产项目编号1112），也是广东省第一处世界文化遗产。

开平与广州有着割舍不掉的千丝万缕联系。例如，广州东山口大量近代侨居屋主是开平人，而建造商是开平建筑公司。李月明的这本《近代广州与开平侨乡民居立面研究》针对广州和开平两地近代乡村地区侨乡聚落与侨居立面地域特征开展对比研究，分析并探寻其差异的缘由；建立了两地乡村侨居建筑信息数据库，形成了较为系统全面的广州、开平侨乡民居调研结果；真实、完整地记录和保存了广府侨乡民居建筑及聚落文化。这本书作为国家自然科学青年基金项目的后续研究，跳出了过往单独研究开平的视角，建立了更广阔的地域研究范围，这是本书的学术和理论意义所在。同时，这本书既能为近代广府侨乡民居建筑文化宣传和保护开发工作提供依据，也可为学者对广府侨乡民居建筑文化的后续研究提供参考。

三、侨居研究的应用意义：从校园走向社会

2024年5月，有幸受到广州市侨联的邀请，我们华侨建筑研究团队承办了第十一届广州市侨文化活动日的"侨居建筑照片展"。照片展在广州番禺永华艺术馆举办，选取广州市越秀、海珠、荔湾、白云、黄埔、花都、番禺、增城共八个区的侨居建筑，以建筑细部装饰为重点，展现广州侨居建筑中西文化融合的特点。"侨居建筑照片展"受到广大游客的欢迎，成为旅游拍照打卡点。同时，央广网和《广州日报》《羊城晚报》《新快报》《南方日报》等媒体对这次广州市侨文化活动日及"侨居建筑照片展"进行了新闻报道，使得多年的学术研究成果从校园走向了社会。

傅　娟

华南理工大学建筑学院　副教授、硕导

粤港澳大湾区华侨建筑研究团队　负责人

目录

第一章

绪论

1.1 研究背景及意义

1.1.1 研究背景

（1）粤港澳大湾区战略发展需要

从2013年至今，由于"一带一路"倡议的提出、习近平总书记关于侨务工作重要论述的影响，以及粤港澳大湾区发展新形势的推动，除了华商，还有政府政策、文化旅游产业、村委会等力量团体在推动侨乡文化事业发展进程中起着至关重要的作用。随着粤港澳大湾区的建设发展，国家大力推动侨乡文化保护工作，加快对侨乡文化的研究并挖掘侨乡的文化价值，本研究课题即国家自然科学青年基金项目"文化传播视角下的珠三角乡村近代民居研究"的后续研究。

粤港澳大湾区由香港特别行政区、澳门特别行政区及广州、深圳、珠海、佛山、惠州、东莞、中山、江门、肇庆九个珠三角城市组成（图1-1），其中广州和江门是广东最著名的侨乡。广州和江门均处于珠江三角洲一带，有着较为

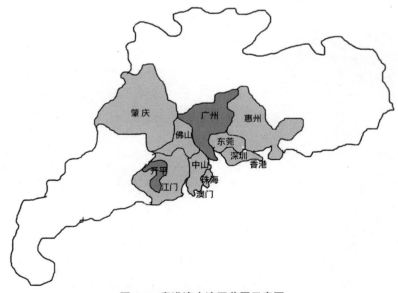

图1-1　粤港澳大湾区范围示意图

（图片来源：作者自绘）

相近的地理优势，在大的历史环境之下有着较为一致的华侨发展历史，在广州求学的笔者游历过广州和江门多地，深刻感受到两地侨乡的建筑文化景观存在着巨大差异，江门开平独特的碉楼、庐居（又称"庐"）、骑楼、园林与广州侨乡的碉楼、庐居、洋房别墅等的样式风格存在着明显差异，这不禁让人思考这相近的两地建筑文化差异从何而来。同在广府文化熏陶之下的广州、开平两地的建筑文化景观应该存在着某种必然联系或者共同之处，但两者具体有哪些共同之处，又有哪些具体差异，差异产生的主要原因，以及两地侨乡建筑文化景观的形成受到哪些因素的影响，等等，这些问题仍处在谜团之中，希望通过笔者的研究工作使其逐渐清晰明朗。

（2）国家历史文化遗产保护需要

随着开平碉楼申遗后保护开发的进展，对于开平碉楼与村落文化价值的挖掘迫在眉睫。普通群众通过建筑外观只能看到奇特绚丽的外表，其背后隐藏的文化价值需要通过专业的解说体现。俗话说"三分看、七分听"，通过介绍房屋的历史才能体现其精神。令人遗憾的是，碉楼及村落背后所体现的建筑文化和华侨文化至今仍未能普及，宣传上尚未能把握文化遗产的精髓。这也说明我们对于历史文化遗产价值的挖掘仍需加大力度，投入更多的关注与心血。

1.1.2 现有理论基础

司徒尚纪在《广东文化地理》一书中，依照五大划分原则（①具有比较一致或相似的文化景观；②具有同等或相近的文化发展程度；③具有类似的文化发展过程；④文化地域分布基本相连成片；⑤有一个反映区域文化特征的文化中心），将广东划分成四大文化区，分别为粤中广府文化区、粤东潮汕文化区、粤东北—粤北客家文化区、琼雷汉黎苗文化区（图1-2），其中广州和开平均处于粤中广府文化区。通常来讲，同一个文化区内语言、习俗、宗教信仰、建筑文化景观等往往具有一致性，然而通过实地调查发现，同属于粤中广府文化区的广州和开平两地侨乡民居建筑文化景观呈现出较大差异。面对这个现象，学者林琳和任炳勋的《广东地域建筑的类型及其区划初探》一文基于司徒尚纪"文化区"理论，以地域建筑作为文化区划分标准，将广东地域建筑文化区分为粤中广府文化区、粤东潮汕文化区、粤东北—粤北客家文化区、五邑侨乡文化特别区和琼雷文化特别区五大分区（图1-3），其中五邑侨乡文化特别区属于粤中广府文化区的一个特殊分支，广州和开平分别为粤中广府文化区和五邑侨乡文化特别区的文化中心。

图1-2 广东省民系文化区分布示意图

（图片来源：作者自绘）

图1-3 广东地域建筑文化区示意图

（图片来源：作者自绘）

从目前的研究成果看，开平地区存在的大量精美独特的西域风格建筑文化景观深受学者们青睐，开平侨乡民居保存相当完整，数量繁多、风格多样，具有典型性，有利于研究风格体系。经过学者们多年来的共同努力，开平侨居已具有较为全面、深入、丰富的研究成果。然而同样作为粤中广府文化区文化中心的广州，关于其侨乡民居的研究起步较晚，文献数量少，研究不够全面、深入。因此本书欲补充完善广东侨乡民居的理论研究，重点关注研究粤中广府文化区的文化中心广州和五邑侨乡文化特别区的文化中心开平的侨乡民居建筑文化特征。

1.1.3 研究意义

（1）学术意义

关于广东侨居的研究从最早2004年至今已有20年，在学术研究上取得了一定的成就。侨居的研究文献涵盖了广府、潮汕和客家地区，其中广府地区的侨居研究主要集中于五邑地区，对于广府其他城市的侨乡民居文化研究较少受到学者们关注。在广东侨乡民居文化发展进程中，作为广府侨乡文化核心区域的广州和开平，在相同的社会大背景及相近的地理环境下共同经历了"早期现代化"过程，必然呈现出两地建筑文化的趋同性，但从两地侨乡民居特征来看，仍显示出明显差异，那么这些差异具体表现在哪些方面，如何从整体上认识广府侨乡民居文化的发展规律，把握侨乡民居文化特征，就成为我们研究工作亟待解决的重点问题。因此，本课题以广州和开平两地乡村侨乡民居作为研究对象，通过构建立面评价体系，从建筑立面的角度对两地的乡村侨居进行定性分析与定量梳理，挖掘立面形态与地域分布的关系，总结两地侨居立面的发展模式，丰富侨居文化理论，对广府侨乡不同文化核心地区的侨居对比研究进行理论补充。

（2）现实意义

改革开放以来，城市建设向纵深发展，旧城改造引发的冲突日益突显。在城市改造更新的过程中，存在着开发单位或个人为谋取更大的经济利益而过度开发和破坏文化遗产、改变其原来面貌的现象，此种行为应当通过合理的规范与措施进行约束和制止。在侨乡的改造过程中，各地侨居文化应当被充分认识，保留当地的历史文化特色，避免千篇一律的改造建设，这要求我们加快对侨乡民居建筑文化进行全面梳理，对其背后蕴含的历史文化价值进行深入挖掘。本课题的研究具体有以下两方面现实意义：

第一，关注近代广府侨乡民居文化演进过程的内在差异性，实现广州、开平两地侨乡文化的归纳比较，并揭示广府侨乡民居建筑层次多样性的文化特征，有利于改变人们对于"中西合璧"侨乡风貌的单一认识；为基于文化多样性和重要性原则开展近代广府侨乡民居建筑文化宣传和保护开发工作提供依据，真实、完整地保存广府侨乡民居建筑及聚落文化，为传承发展侨乡优秀品质提供文脉素材。

第二，为广州和开平侨乡建筑文化研究提供学术参考。广州和开平是广府侨乡文化核心城市，两地不仅存在文化相似性和文化互动关联性，还具有文化层次差异性，本课题研究对广州、开平侨乡民居进行实地田间调研，收集许多民居建筑资料，建立了两地乡村侨居建筑信息数据库，形成较为系统全面的广州、开平侨乡民居调研结果，为今后学者对广府侨乡民居建筑文化的后续研究提供参考。

1.1.4 本书创新点

本研究课题的创新点主要有以下3个方面：

（1）在研究方式上进行创新，使研究结果更加真实客观

在以往对于民居的研究课题中，均存在未对调研过程、数据分析方法、归纳依据进行详细介绍的现象，完全人工的数据分析方式通常会因为调研统计的方式、数据处理的工作量大小、学者的主观因素等影响调研分析的结果并与客观事实偏差较大，对后来学者的深入研究存在一定的错误引导，并且传统的数据收集及数据的第一手资料通常不在文献中公开展示，后来的研究学者需重复进行资料收集及调研工作，严重拖延课题研究的进程。因此本课题在数据调研统计上采用较为客观的方式，保存调研过程中各数据来源和建筑图像，并输入ArcGIS地理信息系统软件，建立侨居建筑信息数据库，实现调查的地理数据与其建筑基本属性、图像数据的关联，一方面便于后来学者对第一手建筑资料的获取和深入研究，另一方面还可借助ArcGIS软件进行数据分析，利用计算

机及人工结合的分析方式，将数据结果可视化表现出来，使结果更加接近真实客观。

（2）在分析角度上进行突破，拓展对民居建筑立面特征的分析思维

从建筑学的微观角度确定侨居立面形态分类评价标准，使侨居立面特征分析更加客观具体，为不同区域、不同层级的侨居立面差异化分析提供基础，既可量化两地侨居立面特征差异程度，也便于判定两地侨居立面的价值趋势，为侨居立面保护价值评价提供参考依据。

（3）采用定性与定量相结合的研究方法，使建设实施更具有可操作性

本次研究采用定性结合定量分析法对建筑特征进行论证评价，通过对建筑表观规律的定性文字描述以及定量参数化描述，两者横向对照构建地域建筑风貌参数化评价方法，寻求其对现今侨居建筑的保护修复与利用改造提供参考和启发，定性定量分析可使人们在进行建筑评价时避免只依赖专家学者的知识和经验，形成更加客观、程序化的评价系统解读建筑，同时定量梳理可使建设实施更具有可操作性。

1.2 文献综述

1.2.1 相关概念

（1）侨乡民居的定义

"侨乡民居"简称"侨居"，即华侨在国内通过直接参与或在国外通过侨汇间接支持建造的居住房屋，这些民居通常在表观上吸收外来的建筑形式、材料、细部装饰，建筑平面布局在传统民居平面形式的基础上受到房屋主人在外国生活习惯一定程度的影响而有所发展，室内建筑装饰风格也通常呈现出中式与外来样式相结合。

（2）广东侨乡民居类型

最早研究侨居的学者陆元鼎和魏彦钧在《广东民居》一书中总结出五邑侨乡民居类型分为传统三间两廊三合院、碉楼及近代产生的庐居三种形式。传统三间两廊三合院式民居平面由三个开间及东西两个门廊组成，建筑层高为一层，采用本土传统的装饰风格；庐也被其他学者称为改良的三间两廊式，即平

面形制与传统三间两廊相近，采用垂直向上的建造方式增加楼层，并引用外来的装饰元素，在建筑外观上呈现出中西合璧式或洋式建筑以及现代建筑风格。碉楼是集防卫与居住于一体的多层塔楼式建筑，碉楼种类根据使用功能分为众楼、居楼、更楼；根据建筑材料分为石楼、夯土楼、青砖楼、混凝土楼。碉楼作为一种防御性建筑，一般高于普通民居，墙体比普通民居厚实并且一般每层外墙均设有射击孔，窗户数量少，窗户面积也比普通民居小，碉楼上部的四角一般都建有突出悬挑的"燕子窝"便于御敌攻击。在姜省《文化交流视野下的近代广东侨居》一文中，将广东侨居分为乡村侨居和城市侨居，乡村侨居分为主要分布于嘉应和潮汕地区的群落式侨居以及主要分布于四邑乡村地区的楼式侨居；城市侨居多位于广州、汕头、江门、台山等中心城市，以别墅和骑楼建筑为主。因此按建筑类型划分，目前广东侨居可分为传统三间两廊三合院、庐居、碉楼、别墅、骑楼五种建筑类型。

（3）广东侨乡格局

广东省濒临南海，自古以来与外国交往频繁，移民人口众多，近代以后成为中国主要侨乡。据《广州华侨志》统计，广东省归侨和侨眷大约有两千多万人，主要分布于三个区域，珠江三角洲和潮汕平原最多，粤北地区次之，形成了三大侨乡格局（图1-4）：以广州和江门为中心的粤中广府侨乡、以汕头为中心的粤东潮汕侨乡、以嘉应（梅州）为中心的粤北嘉应侨乡。

1.2.2 相关研究述评

（1）关于广东侨乡民居的研究

广东侨乡民居研究是广东民居研究体系的一个分支。现今广东侨乡研究在侨乡形成与发展、侨乡经济文化、侨乡建筑文化等专题上取得了丰硕的成果，研究范围涉及广府、潮汕、客家三大侨乡，对于广府、潮汕和客家三大侨乡民居的研究，存在区域间研究进度及深度不平衡的问题，广府江门五邑地区侨乡民居的研究最为全面和深入，而其他侨乡理论研究薄弱。从广东三大侨乡研究文献数量图（图1-5）来看，在将近两百篇的文献当中，关于粤中广府侨乡的研究文献共有148篇，占据绝大部分，关于客家、潮汕侨乡的研究文献相对较少；在广府侨乡研究文献当中，关于五邑侨乡的研究文献居多，共有110篇，

图 1-4　广东侨乡分布示意图

（图片来源：作者自绘）

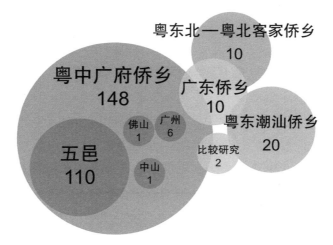

图 1-5　广东三大侨乡研究文献数量图

（图片来源：作者自绘）

而对于广府其他侨乡的研究文献则寥寥无几。用 Cite Space 文献分析软件对广东侨乡研究文献进行分析得出"关键词共现图"（图 1-6）来看，"开平碉楼""侨乡文化""侨乡建筑"关键词出现的频率最高，说明五邑开平侨乡建筑文化专题研究热度最高。

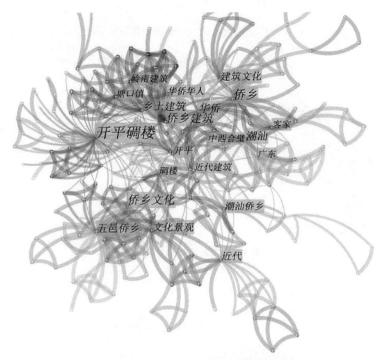

图 1-6　广东侨乡研究文献关键词共现图

（图片来源：作者自绘）

　　"侨乡民居"概念的提出最早是在 20 世纪 80 年代，陆元鼎教授在《广东民居》一书中对于广东广府、潮汕、客家三大民系民居进行全面介绍分析，并将五邑地区受外来文化影响形成的独特风格侨乡民居作为单独的研究案例进行讨论分析，"侨乡民居"概念由此成为研究对象在学界被广泛提及和研究。2009年，学者潮龙起、邓玉柱发表《广东侨乡研究三十年：1978—2008》，对广东侨乡研究进程进行梳理；2014 年郭焕宇发表《近代广东侨乡民居文化研究的回顾与反思》，其博士论文《近代广东侨乡民居文化比较研究》以建筑史学和建筑美学为基础，将广东侨乡划分为广府侨乡民居文化区、潮汕和客家侨乡民居文化区，通过比较侨汇经济对广东侨乡民居分布与建设的影响、侨乡社会结构对广东侨乡民居格局和功能的影响、侨乡人文品格对广东侨乡民居形态和审美的影响，探索近代时期广东侨乡经济、社会、人文因素与侨乡民居建设的互动关系。近五年内，没有发现以"广东侨乡民居"为研究对象的文献。

对于广府、潮汕和客家三大侨乡民居的研究，由于世界文化遗产申请工作的推动及史料资讯、方言等方面原因，广府江门五邑地区侨乡民居的研究最为全面和深入。五邑侨乡民居是广府民居的一个独特分支，其建筑特征与广府民居具有许多共通性的同时也存在着很大差异，因此五邑侨乡民居无法作为广府地区其他侨乡民居特征的全面代表。作为广府文化核心区的广州，有着两千多年的对外交流历史，是广东重点侨乡之一，城市进程的快速发展大大降低了人们对广州侨乡民居现象普遍度的关注，不利于对广府地区侨乡民居文化特征的整体把握，无法准确显示侨乡民居分布的时空规律以及在不同侨乡经济、社会结构、人文环境影响下民居演变的独特性。

（2）关于广州侨乡民居的研究

目前对于广府文化核心区的广州侨乡村落民居的学术研究较为单薄，均为分散的点式研究，未来应从加强基础信息资料的收集和梳理、推进宏观和微观层面的研究、提升理论对策研究等方面着力。

齐艳的《广州近代乡村侨居现状及保护活化利用研究》一文对广州侨乡村落进行基础性的普查工作，统计了广州各侨乡村落侨居的建筑类型和现存数量以及乡村侨居在广州的分布及现存状况。该文对笔者进一步研究广州乡村侨居研究奠定了数据基础，减轻了本课题研究的调研工作。陈淑菡的《"微改造"下的广州洛场古村公共空间更新活化研究》分析梳理了洛场村的公共空间历史演变历程及主导因素，搜集了较多与洛场村相关的资料，为笔者对历史古村落洛场村的民居建筑研究提供了学术参考资料。和匀生、和鸣撰写的《花都碉楼》对广州市花都区110多座碉楼进行长期跟踪拍摄的图片和大量珍贵的第一手采访文字资料，全面地展示了该区的碉楼文化及其背后蕴含的华侨历史，其中包括了笔者研究的洛场村和平山村，有助于笔者对花都建筑文化的挖掘和整理，推动花都文化建设工作。表1-1中的其他文献为广州市区内的近代民居建筑研究。

广州侨乡民居相关研究文献   表1-1

学术文献	发表时间	主要研究内容
《广州近代乡村侨居现状及保护活化利用研究》	2018	对广州侨乡村落进行基础性的普查工作,统计了广州各侨乡村落侨居的建筑类型和现存数量以及乡村侨居在广州的分布及现存状况
《"微改造"下的广州洛场古村公共空间更新活化研究》	2018	分析梳理了洛场村的公共空间历史演变历程及主导因素
《花都碉楼》	2015	对广州市花都区110多座碉楼进行长期跟踪拍摄的图片和大量珍贵的第一手采访文字资料,全面地展示了该区的碉楼文化及其背后所蕴含的华侨历史
《广州东山花园洋房建筑特点分析——以简园为例》	2020	介绍了简园建设时期的历史文化背景,推断了简园的建设年代,重点分析了简园的总体布局和主楼的平面功能及立面特征
《历史文化街区保护的任务与对策——以广州近现代花园洋房民居历史文化街区为例》	2010	从城市设计出发优化规划保护实施效果,面向实施和管理,改进保护模式和方法
《细看西化的步伐——长沙公馆与广州东山洋房立面风格的比较研究》	2007	以近代为时间背景,对这两个城市中的独立式住宅的立面风格进行研究,以长沙公馆及广州东山洋房为例,比较它们的立面在近代中国受到西方影响的情况下,其形式特征的变化情况,以揭示近代独立式住宅在中国沿海到内陆形成与发展的规律和特征

(表格来源:作者根据文献资料整理)

(3)关于开平侨乡民居的研究

从整体来看,关于开平侨乡民居的研究主要分为五种类型(表1-2)。

开平侨乡民居相关研究文献   表1-2

研究类型	研究文献
针对开平侨乡社会的历史渊源和成因的探究	《广东开平碉楼历史研究》 《开平华侨与碉楼建筑》 《华侨作用下的江门侨乡建筑研究》 《侨乡建筑文化遗产流散产权三维关系的形成与特征——以开平碉楼为例》 《广东开平城乡建设的现代化进程》 《广东侨乡研究三十年:1978—2008》 《开平碉楼中的侨乡野史》 ……

续表

研究类型	研究文献
针对开平侨乡民居文化特征的研究	《广东开平碉楼的空间分布研究》 《开平碉楼的空间营造及近代侨乡村落空间演进中的文化承续》 《开平碉楼——中西合璧的侨乡文化景观》 《近代乡土建筑：开平碉楼》 《开平碉楼的类型、特征、命名》 《开平碉楼中西交融建筑形式探讨》 《区域环境下开平碉楼建筑特征探析》 《历史的停留——浅析开平碉楼设计布局特色》 《广东开平碉楼》 《广东开平碉楼与村落》 《开平碉楼与村落》 《开平碉楼与村落防御功能格局的时空演变》 《乡土建筑艺术奇观——世界文化遗产开平碉楼与村落》 《广东开平庐建筑风格及其文化内涵：一个实地调查报告》 《开平碉楼与村落文化解读》 《开平碉楼的设计》 《从审美文化视角谈开平碉楼的文化特征》 《开平碉楼：从迎龙楼到瑞石楼——中国广东开平碉楼再考》 《试析开平碉楼的功能——侨乡文书研究之三》 《从开平碉楼看近代侨乡民众对西方文化的主动接受》 《开平华侨与碉楼建筑》 《开平侨乡独特的建筑文化》 ……
单独针对某一类型建筑细部构件或装饰艺术特征的研究	《广东开平碉楼建筑立面的装饰艺术研究》 《广东开平侨乡民国建筑装饰的特点与成因及其社会意义（1911—1949）》 《开平碉楼中建筑装饰元素的审美特征》 《南粤民间巴洛克建筑山花艺术研究》 《五邑地区开平碉楼及村落建筑装饰艺术研究》 《开平碉楼结构特征研究》 《中西方文化在开平碉楼装饰应用研究》 《开平碉楼的建筑装饰艺术》 《中浸西学之开平碉楼建筑柱式溯源及其演变研究》 《开平碉楼的建筑艺术特征》 ……

续表

研究类型	研究文献
五邑地区与其他民系侨乡建筑文化对比研究	《近代广东江门五邑与潮汕侨乡民居建筑装饰文化比较》 《广东江门与汕头地区近代侨乡村落比较研究》 《碉楼：一个时代的侨乡历史文化缩影——中山与开平碉楼文化的比较和审视》 ……
侨乡建筑的保护和再利用研究	《开平碉楼修缮和保护研究》 《开平碉楼与村落的遗产属性与保护措施》 《开平碉楼景观的类型、价值及其遗产管理模式》 《空心化背景下的开平碉楼与村落再利用研究》 《开平碉楼活化利用探索——以自力村4座碉楼为例》 《开平侨乡文化的多元性及其开发保护——以赤坎古镇、立园村、自力村为例》 《分散型村落遗产的保护利用——以开平碉楼与村落为例》 《基于比较分析的开平碉楼基本特征与保护利用》 《开平碉楼申遗后所面临的困境与开发对策》 《"开平碉楼与村落"的遗产属性与保护措施》 《乡村振兴战略视角下旅游型传统村落夜游发展规划探索——以广东省江门市开平碉楼为例》 ……

（表格来源：作者根据文献资料整理）

一是针对开平侨乡社会历史渊源和成因的探究。《广东开平碉楼历史研究》《开平华侨与碉楼建筑》和《华侨作用下的江门侨乡建筑研究》介绍了开平侨乡社会发展的历史背景及物质建设发展过程，并揭示了华侨与侨乡建设的规律与特征，为本研究提供了许多史学和数据资料。

二是针对开平侨乡民居文化特征的研究，从村落布局等宏观角度以及侨居类型、建筑特征等微观角度进行了详细剖析。《广东开平碉楼的空间分布研究》《开平碉楼的空间营造及近代侨乡村落空间演进中的文化承续》从宏观的角度探讨了近代开平碉楼的空间分布规律及演变模式，并分析其成因是受到宗族礼制、风水习俗、气候环境以及人文因素的影响。从微观角度研究的主要涉及侨乡民居类型，具体针对碉楼、骑楼、庐居的侨居类型展开，《开平碉楼——中西合璧的侨乡文化景观》和《近代乡土建筑：开平碉楼》对开平碉楼和庐居进行了系统论述，《开平碉楼的类型、特征、命名》《开平碉楼中西交融建筑形式探讨》《区域环境下开平碉楼建筑特征探析》《历史的停留——浅析开平碉楼设计布局特色》等文献从平面布局、立面造型、装修装饰等微观角度对开平碉楼特征及典型案例进行了详尽分析。

三是单独针对某一类型建筑细部构件或装饰艺术特征的研究。赵静歌的《广东开平碉楼建筑立面的装饰艺术研究》一文将开平碉楼建筑立面分为楼顶、楼肩、楼身三个部分，从微观层面分别对屋顶、檐式挑台、山花、牌匾、柱式、拱券、防卫台、托脚、门窗及其他立面装饰元素的艺术特色进行分析，总结了开平碉楼的立面特征及装饰的艺术价值。谭金花教授在《广东开平侨乡民国建筑装饰的特点与成因及其社会意义（1911—1949）》一文中以民国时期开平华侨建筑为研究对象，分析其壁画和灰塑的装饰特点、成因及社会意义。吴珊在《开平碉楼中建筑装饰元素的审美特征》一文中对开平碉楼的楼顶、女儿墙、门窗中创新的建筑结构和装饰进行了简要分析。张博的《南粤民间巴洛克建筑山花艺术研究》一文对南粤（包括广州、台山、汕头、北海、海口五个城市）的巴洛克建筑山花进行实地考察，归纳总结出山花艺术的构成特征、审美特征、类型特征和组合形式等，并探索了五个地区山花艺术的地域特征。郑子敏的《五邑地区开平碉楼及村落建筑装饰艺术研究》对开平碉楼的楼顶、楼肩、楼身的建筑装饰进行归纳分析，挖掘建筑装饰纹样背后的文化内涵和美学特征。

四是五邑地区与其他民系侨乡建筑文化对比研究。郭焕宇的《近代广东江门五邑与潮汕侨乡民居建筑装饰文化比较》论述了五邑和潮汕侨乡在华侨经济、文化的影响下，两地侨乡在装饰工艺、装饰题材与内容以及装饰重点部位等方面的异同。曹嘉欣的《广东江门与汕头地区近代侨乡村落比较研究》从村落层面对比了侨乡村落的平面布局、立面形态和构成要素；从建筑层面比较分析了江门和汕头地区侨居建筑的平面布局、建筑造型、装饰细部和建造技术、工艺等，归纳总结出两地侨乡村落与建筑的异同，并对江门和汕头两地村落、建筑差异产生的原因进行历史解释。《碉楼：一个时代的侨乡历史文化缩影——中山与开平碉楼文化的比较和审视》将中山碉楼与开平碉楼进行比较分析，对广府地域范围内不同侨乡的建筑文化景观进行了可贵的对比尝试。除上述作品之外，尚没有发现其他广府侨乡民居的对比研究专著。《近代厦门与汕头侨乡民居审美文化比较初探》和《近代闽南与潮汕侨乡建筑文化比较研究》

则在不同省份之间对侨乡建筑文化展开综合比较研究，扩大研究视野，拓展了研究思路。

五是侨乡建筑的保护和再利用研究。张万胜的《开平碉楼修缮和保护研究》、张国雄的《开平碉楼与村落的遗产属性与保护措施》、申秀英和刘沛林的《开平碉楼景观的类型、价值及其遗产管理模式》等从价值定位、规划建设、管理制度等方面就保护与利用问题提出了见解。

（4）总结

整体而言，近年来对于广东侨乡民居文化的学术研究具有以下三个不足：

第一，广东侨乡民居研究不够系统全面，对于广府侨乡民居的研究较为丰富，而对于潮汕、梅州地区的侨乡研究较为有限。

第二，目前对于广府侨乡村落及民居建筑的研究多集中在文化核心区，主要针对江门五邑侨乡民居的研究居多；然而同样作为广府侨乡文化核心区的广州，以及核心区边缘的侨乡民居却少有学者研究。广州侨乡民居及边缘侨乡民居与典型侨乡如五邑侨乡民居的层次差异性亟待深入探索。

第三，研究多针对单一地区或单一类型建筑，基于"民系区划"背景的侨乡建筑文化比较研究鲜有学者问津。

因此本研究重点关注粤中广府文化区的文化中心城市广州和开平侨乡民居建筑文化特征，欲补充完善广东侨乡民居的理论研究，对广府侨乡不同文化核心地区的侨居比较研究进行理论补充，为弥补广东侨居文化研究不足做出努力。

1.3 研究对象

1.3.1 研究地域及内容范畴

本书选择的重点研究地域范围为处于广府民系文化区的两个文化核心区域——广州和开平的乡村地区，两地侨乡民居文化的演化特征显著，是广东重点侨乡集中分布的地带。本书重点研究侨乡民居，在具体研究对象的确立当中，确定了本书的研究对象主要是分布于广州和开平四个重点侨乡村落的、海外华侨以侨汇投资的、侨眷在家乡建造的具有明显外来文化特征的民居建筑。基于文化多样性前提下民居文化一致性的原则，选择近代侨乡民居建筑保留较好、数量较多、分布较集中的村落。在空间区域范围内的主要调研村落有广州四个侨乡村落（图1-7）：花都区洛场村和平山村以及增城区黄沙头村和塘美村；开平四个侨乡村落（图1-8）：自力村、马降龙村、锦江里村和赓华村。

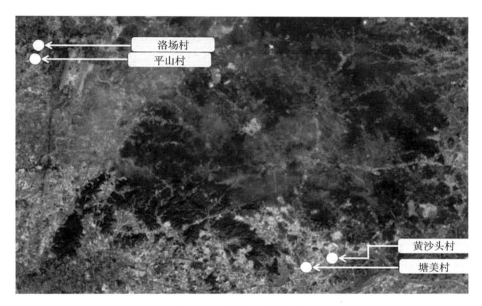

图1-7 广州四个研究村落

（图片来源：作者自绘）

1.3.2 研究时间范围：近代（1893—1949年）

清朝顺治十二年（1655）沿袭明朝实行海禁政策。鸦片战争后，清政府被迫同意西方殖民者在华招工，大批中国人在外国资本家和清政府对"金山淘金"的联合宣传下，以"卖身"形式成为"猪仔"被送到美国西部，成为资本家的奴隶，与祖国、家乡亲人失去联系。直至1893年海禁政策被废除，华侨才与祖国家乡联系紧密起来，侨乡社会开始建设发展。因此一般认为，1893年是侨乡社会发展的时间起点。

1893年至抗日战争爆发前夕是广东侨乡发展的繁盛时期。1882年美国通过《排华法案》禁止所有华人入境，随后其他国家效仿美国推出排华政策，海外华侨失去生计被迫回国发展。然而正是由于国际排华政策才直接推动了侨乡

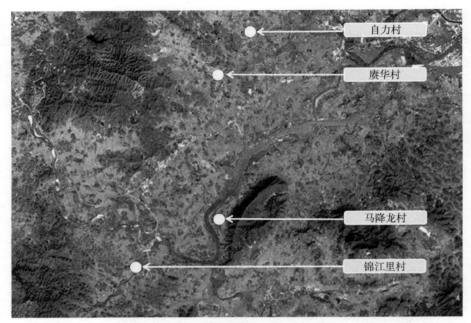

自力村

赓华村

马降龙村

锦江里村

图1-8　开平四个研究村落

（图片来源：作者自绘）

的建设发展，归国后的华侨带着剩余资产回乡置业、建设房屋、发展交通、兴办学校等，广东侨乡一度呈现欣欣向荣的景象。

抗日战争爆发后，广东侨乡大多被日本侵占和摧毁，生产停滞，百业凋零。太平洋战争爆发后，侨汇中断，许多侨眷失去经济来源，靠典当度日。天灾人祸使得广东侨乡百孔千疮，死气沉沉。抗日战争胜利后，华侨齐力出资重建家园，广东侨乡再度出现繁盛的景象。因此本课题选择1893—1949年新中国成立、涵盖了整个侨乡发展过程的近代这段时间作为研究的时间范围。

1.4 研究目标、内容、方法及框架

1.4.1 研究目标及内容

本课题针对广州和开平两地乡村侨居建筑特征及立面形态存在哪些具体差异的问题，笔者期望通过实地调研获取一手资料，利用ArcGIS软件对调研数

据进行网络信息化处理，构建更加客观准确的数据库；从村落层面对广州和开平两地乡村侨居空间分布特征、从建筑层面对两地乡村侨居平面形制、立面形态和构成要素进行系统梳理，通过定性和定量的分析方法，从中西构件类别、立面形态复杂度、形态西式化程度、立面防御性程度四个角度构建侨居立面评价标准，将广州和开平两地的样本进行数据对比分析，探求基于立面形态的乡村侨居建筑的地域性差异和空间分布规律；最后试图找寻两地侨乡村落、侨居建筑立面地域差异产生的成因。

1.4.2 研究方法

本课题在分析研究过程中运用的研究方法主要有以下几种：文献分析法、实地勘察法、跨学科研究法、定性定量分析法、比较研究法。

（1）文献分析法

通过网络检索、图书馆、方志馆等收集文献资料，查找并阅读开平、广州地方市县志、华侨史、外贸史书籍，江门、开平、广州侨乡建筑的研究文献、期刊等，收集开平、广州侨乡建筑实地测绘资料。同时增加历史学、社会学、经济学、地理学、心理学等方面资料作为依托。

（2）实地勘察法

实地考察开平与广州的侨乡建筑现状，对典型的侨居建筑进行文字记录、手绘记录与影像采集；了解并记录当地村民的文化风俗、生活习惯、村落历史、家族谱牒等；对当地村民进行问卷调查和访谈，了解当地华侨的家族史、出洋谋生的具体情况。

（3）跨学科研究法

传统建筑信息采集和处理主要采用田野调研后建立纸质文档，并通过人工数据归类分析，总结结论，这种信息获取和处理方式存在着许多弊端：一是采用纸质文档记录方式，后期需要进行大量的人工数据处理工作，工作烦琐，效率低下。二是采用人工进行数据分析处理，主观性强，错漏率高；三是调研后未建立数据库系统，无法进行信息共享，后来学者研究相关课题时需重复调研工作，将大量的时间用于信息收集上，阻碍研究进度和深度。因此在本次建筑信息获取和处理上采用城市规划学科的 ArcGIS 软件改善传统信息采集流程，为侨乡村落构建建筑信息数据库。ArcGIS软件配合传统信息采集方式，可在户外调研的同时录入建筑信息和图像，运用软件的数据处理功能进行数据可视化编辑，输出专题图和建筑档案；整个信息数据库还可上传至互联网，进行信息共享，给后来学者的研究带来更多便利。

（4）定性定量分析法

以往学者大多从定性的角度解析和表述建筑特征，例如根据建筑装饰和构件将开平碉楼风格分为仿古希腊式、古罗马式、哥特式、文艺复兴式、巴洛克式、古典主义、浪漫主义、洛可可式、混合式，等等。本次研究采用定性结合定量分析法对建筑特征进行论证评价，通过对建筑表观规律的定性文字描述以及定量参数化描述，寻求其对现今侨居建筑的保护修复和利用改造提供参考和启发。定性定量分析可使人们在进行建筑评价时避免只依赖专家学者的知识和经验，形成更加客观、程序化的评价系统来解读建筑。

（5）比较研究法

通过调研并整理获得ArcGIS建筑信息数据库，采用定性定量分析法分析建筑立面规律，并构建立面评价系统，对开平、广州两地侨乡村落侨居进行建筑立面评价，比较研究两地侨居立面差异，并总结两地侨居立面的地域性特征，明确两地侨居立面特征的演变历程，探索两地侨居立面差异形成的历史渊源与原因。

1.4.3 研究框架

本课题从建筑学角度侨居立面形态着手分析，从村落层面对广州和开平两地乡村侨居空间分布特征、从建筑层面对两地乡村侨居平面形制、立面形态和构成要素进行系统梳理，同时为深入研究两地侨居建筑文化的层级差异，从立面属性的微观角度对中西构件类别、形态复杂度、西式化程度、防御性程度四个层面构建立面形态评价标准，对广州、开平两地乡村侨居立面进行地域差异对比分析，探索两地侨居立面形态的发展特征，同时尝试从文化形态的四个层面（即政治环境、物态文化、制度文化、精神文化）揭示侨居发展背后各作用力的强弱差异及立面形态差异的成因，具体的研究框架如图1-9所示。

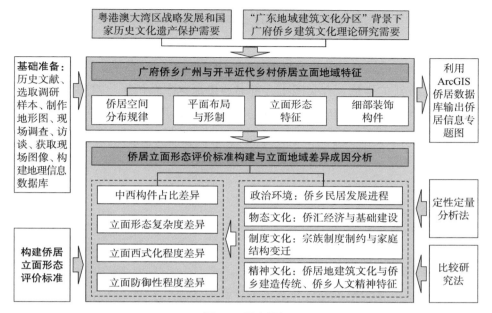

图 1-9 研究框架

（图片来源：作者自绘）

1.5 本章小结

近代广东广府侨乡民居文化发展历程独特，具有重要的历史文化价值及研究意义。广州与开平分别属于广府侨乡文化核心区及五邑侨乡文化特别区的核心城市与典型侨乡，两地侨乡民居文化内涵丰富而多样，形成了不同的地域格局。本书运用多学科视角的对比研究法展开分析，采用ArcGIS地理信息系统软件构建广州与开平乡村地区的侨居空间及建筑信息数据库，并从空间分布、建筑层面对两地乡村侨居平面形制、立面形态和细部装饰构件要素进行系统梳理；结合定性定量分析方法，从中西构件类别、立面形态复杂度、立面西式化程度、立面防御性程度四个角度构建侨居立面评价标准，将两地的侨居样本进行数据对比分析，探求基于立面形态的乡村侨居建筑的地域性差异和空间分布规律。我们还结合广州、开平两地本土历史文化，尝试从政治环境、物态文化、制度文化、精神文化四个层面来把握两地侨乡聚落格局与立面形态差异性演化成因。在理论上，本书为侨居建筑文化的保护、继承及侨居建筑研究提供了定量的理性研究视角和理性依据，将人文地理领域的技术方法融入侨居建筑的研究框架，在传统村落空间形态就建筑细部层面完成定量化方法的推进。在实践上，本书通过深化广东侨居建筑的理性认知，为广东美丽乡村建设中侨居建筑的保护性修缮提供具有实操效能的决策依据，促进侨乡村落空间与建筑保护实践中的文化传承。

第二章

研究对象选取及调研情况介绍

2.1 研究对象选取

2.1.1 地理划分的相关概念

（1）"文化区"的概念

文化区是指具有某种共同文化属性的人群所占的区域，是一个空间单位。同一个文化区内地区有着共同特性，例如宗教、语言、民族、习俗、道德观念、艺术审美，等等。不同的人根据不同的文化元素可以划分不同类型的文化区，一个文化区由文化中心、文化核心区、文化辐射区组成。文化区的边界具有过渡性和模糊性，没有明确的界限，文化区之间可以交错分布形成文化破碎区，其文化具有混合性和不稳定性。

（2）广东文化分区

如前文所述，司徒尚纪在《广东文化地理》一书中将广东分为四大文化区：①粤中广府文化区，包括珠江三角洲广府文化核心区、高阳广府文化亚区、西江广府文化亚区；②粤东福佬文化区（又称粤东潮汕文化区），包括福佬文化核心区、汕尾福佬文化亚区；③粤东北—粤北客家文化区，包括梅州客家文化核心区、粤北客家文化亚区、东江客家文化亚区；④琼雷汉黎苗文化区，包括琼雷汉文化亚区及五指山黎苗文化亚区（图1-2）。

（3）广东地域建筑文化区

林琳和任炳勋在《广东地域建筑的类型及其区划初探》一文中根据地理文化、人文因素和四个基本原则（①比较一致或相似的建筑形态；②地域分布上的基本连续构成；③类似的地域建筑发展过程；④相似的社会经济文化发展渊源），将广东地域建筑分成三大区域（①粤中粤西广府建筑区；②粤东潮汕建筑区；③粤北粤东北客家建筑区）和一个以碉楼为代表的五邑侨乡建筑特别区。综合司徒尚纪的《广东文化地理》，可将广东地域建筑文化区分为粤中广府文化区、粤东潮汕文化区、粤东北—粤北客家文化区、五邑侨乡文化特别区和琼雷文化特别区五大分区（图1-3）。

因此，从整体上看，五邑侨乡文化特别区属于粤中广府文化区的一个特别分区，两地文化景观、发展模式、区域文化及地域建筑的发展过程相互联系，同时存在一定的差异，两分区具有不同的文化中心，粤中广府文化区的文化中心是广州，五邑侨乡文化特别区的文化中心是开平。广州建筑与开平建筑风格的形成有着不可割舍的关系，不少海外归侨先到广州就业与投资，后在开平承包工程或是开平人在广州执业取得经验后回乡承办工程，造就了广州建筑对开平的影响。因此选择两个不同文化区的文化中心广州和开平作为此次研究的地域范围，探究两地乡村侨居建筑的异同。

2.1.2　研究区域范围

本课题基于"广东地域文化分区"理论以及地区侨居立面样式，选取广州和开平乡村地区的典型侨乡村落进行研究分析，探讨两地侨乡民居建筑特征及立面形态地域差异。研究村落对象遵循以下三大原则进行筛选：①地域范围内有一定数量规模并能反映区域侨居建筑特征的建筑群；②地域内侨居立面具有比较一致或相似的建筑形态；③地域内具有一定人数规模出洋历史背景且海外侨胞数量较多。

（1）广州地区及侨居分布状况

广州地处中国南部、珠江下游，濒临南海，是国家综合性门户城市，首批沿海开放城市，是中国通往世界的南大门，粤港澳大湾区、泛珠江三角洲经济区的中心城市以及"一带一路"的枢纽城市。广州也是首批国家历史文化名城，广府文化的发祥地，从秦朝开始一直是郡治、州治、府治的所在地，华南地区的政治、军事、经济、文化和科教中心。从公元三世纪起广州就成为海上丝绸之路的主港，唐宋时成为中国第一大港，是世界著名的东方港市，明清时是中国唯一的对外贸易大港，也是世界唯一两千多年长盛不衰的大港。

截至2019年，广州全市下辖11个区，总面积约7434平方千米。广州的行政范围从古到今几经变迁，现今广州行政划分包括越秀区、海珠区、荔湾区、天河区、白云区、黄埔区、南沙区、番禺区、花都区、从化区、增城区。广州自古以来一直是对外交流的窗口，与国外交往频繁，移民众多，是广东著名侨乡之一。中西文化的交流碰撞使得广州建筑呈现独树一帜的"中西合璧"风貌。根据《广州市志》记载，在广州市郊县中总共有18个重点侨乡，主要分布于白云区、花都区、增城区、番禺区（图2-1）。重点侨乡的定义主要依据归

图 2-1　广州侨乡分布示意图

（图片来源：根据《广州市志》广州侨乡分布图改绘）

侨、侨眷人数的多少而定，而非依据侨居数量，如今许多侨乡已不见侨居的踪迹。根据研究学者齐艳的走访调查，统计了现今广州侨乡村落保留的侨居数量情况，其中增城区（163座）和花都区（108座）最多，番禺区（28座）和白云区（25座）次之（图2-2）。

（2）开平地区及侨居分布状况

开平市隶属于江门市，位于广东省中南部、珠江三角洲西南面，毗邻港澳，北距广州市110千米，东北连新会区，正北靠鹤山市，东南近台山市，西南接恩平市，西北邻新兴县。全市总面积1659平方千米。开平市管辖两个街道（长沙街道、三埠街道）、13个镇（月山镇、水口镇、赤水镇、金鸡镇、蚬

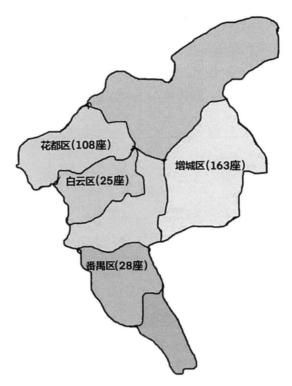

图 2-2　广州现存侨居数量分布示意图

（图片来源：作者自绘）

冈镇、百合镇、赤坎镇、塘口镇、大沙镇、马冈镇、龙胜镇、苍城镇、沙塘镇）、9个管区（长沙、新昌、迳头、荻海、港口、冲澄、簕冲、祥龙）以及翠山湖工业区和苍城工业区。

　　开平各地均具有中西结合的精美建筑，其中以开平碉楼与村落最为著名。开平市是中国著名的侨乡，也是广东省第一处世界文化遗产，开平碉楼、骑楼及中西文化交融的公共建筑保存得相当完整，是开平华侨与村民把外国建筑文化与当地建筑文化相融合的结晶，数量繁多、建筑精美、风格多样，在国内乃至世界的乡土建筑中实属罕见。开平的建筑文化景观融合了深厚的中国传统文化底蕴以及浓郁的欧美等外来文化气息，高度反映了在特定的历史条件下、特定的地域环境中形成的独特的历史文化景观，被誉为"华侨文化的典范之作""令人震撼的中西建筑艺术长廊"。

2004—2005年开平碉楼普查结果如图2-3所示，开平市内有2000多座碉楼，大部分碉楼比较完好地保存下来，少数坍塌破坏，现今存留下来的碉楼总共有1833座，分布于开平各地，其中塘口镇（541座）、百合镇（383座）碉楼数量最多，赤坎镇（224座）、蚬冈镇（179座）次之。

图 2-3　开平市碉楼数量分布图

（图片来源：根据《2004—2005年开平碉楼普查及近代建筑普查方法的探索与实践》开平市碉楼数量分布图改绘）

2.1.3　研究对象选取

经过笔者的实际走访调查，遵循三大筛选原则，广州乡村地区选取了数量较多且侨居建筑较为典型的四个村，包括花都区花山镇洛场村、平山村以及增城区塘美村、黄沙头村作为研究对象，开平地区选取了侨居数量规模大、建筑立面特征典型且成功申请成为世界文化遗产的四个村落，包括开平塘口镇自力村和赓华村（立园）、蚬冈镇锦江里村、百合镇马降龙村。选取的研究村落发展概况见表2-1。

选取村落的发展概况　　　　　　　　表 2-1

城市	文化区	选取村落	侨居立面特征	发展时间特征	发展动力	人口特征
广州	广府文化核心区	洛场村	样式丰富，大小规模不一，有传统民居建筑以及仿西式的立面样式；还有东南地区的南洋骑楼风格立面	起步于20世纪20年代，发展时间跨度长，发展不连续	早期华侨给侨眷寄回资金	江姓、陈姓宗族聚居地
		平山村				江、刘两姓宗族聚居地
		塘美村				刘、叶、关姓居多
		黄沙头村				黄姓华侨居多
开平	五邑侨乡文化特别区	自力村	立面构成比例及风格样式更加接近西方立面样式标准，风格特征较为明显，有传统式、巴洛克式、文艺复兴式、古希腊式、古罗马式等	起步于20世纪20年代，发展时间跨度短且连续，在20年代至30年代集中发展	华侨寄回资金、华侨出资用于基础建设	方姓宗族聚居地
		赓华村（立园）				谢氏家族按规划建成此村
		锦江里村				黄氏家族按规划建成此村
		马降龙村				黄、关两姓家族聚居地

（表格来源：作者根据文献资料整理）

2.2 调研中地理信息系统 ArcGIS 的技术支持

　　广州及开平乡村地区侨居建筑调研工作需要对建筑基本属性（表2-2）以及立面现状资料进行收集，并记录建筑地理位置。将获取的信息录入 ArcGIS 软件以实现调查的地理数据（指建筑在村落中的具体位置）与其建筑基本属性、

建筑基本属性　　　　　　　　　　表 2-2

（建筑名称）		
地址		
建造时期		楼主
侨居国		建筑层数
建筑类型		建筑结构
建筑简介	（平面特点、主要功能、建筑材料、图案装饰、色彩、建筑风格、建筑历史来源、建造方式特点）	
现状图像	（现场编号）	

（表格来源：作者自绘）

图像数据（指调研拍摄的现状照片）的关联。在ArcGIS地图中点击某栋建筑即可快速查阅该建筑的属性数据及现状照片，并可以按照不同数据层输出各因子的数据信息情况，实现数据可视化。运用ArcGIS软件建立的侨居信息数据库一方面将建筑各单体信息按照不同数据层可以导出各类因子信息数据图，另一方面建立的侨居建筑数据库可以用于制作侨居历史建筑导览系统，实现侨居文化的网络传播，便于普及和宣传侨居历史建筑知识，也有利于推动侨居的保护、修缮及改造工作。

调研数据的收集整理及处理工作将按照图2-4所示的八个步骤进行。

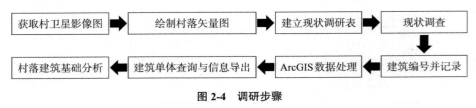

图 2-4　调研步骤

（图片来源：作者自绘）

以广州花都洛场村为例，通过百度地图获取洛场村的卫星影像图。用CAD软件绘制出村落地形图，新建建筑信息图层描绘出建筑边界，转入ArcGIS中，形成现状建筑数据层（图2-5），对记录的侨居建筑进行属性表的数据录入，将每栋建筑的现状照片也链接到属性表中。建筑图像数据关联是通过输入建筑名称获得建筑图像数据存放的具体位置并通过图片查看器打开链接图像，从而实现建筑与图像数据的关联（图2-6）。通过建立好的ArcGIS数据库，可以对单体建筑查询（图2-7）并导出所有信息（图2-8），包括建造时期、房主、建筑层数、建筑结构、建筑简介、照片等信息。

将建筑各单体信息按照不同数据层可以导出各类因子信息数据图，例如广州洛场村侨居各建筑类别及分布情况分析图、侨居建筑结构种类、侨居建筑层数情况分析图等，可用于各因子分类及量化与可视化分析，比传统手动分类效率更高。

图 2-5　现状建筑数据层

（图片来源：ArcGIS 软件截图）

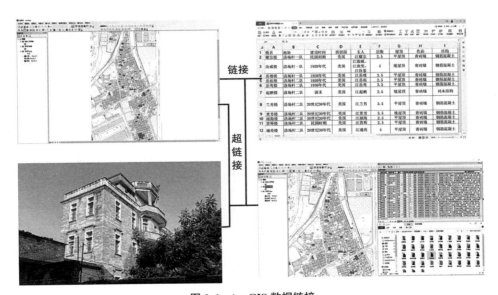

图 2-6　ArcGIS 数据链接

（图片来源：作者自绘）

图 2-7　ArcGIS 单体建筑信息查询

（图片来源：作者自绘）

德仔楼（读月楼）

图 2-8　建筑单体信息

（图片来源：作者自摄）

地址	广州花都平山村		
建造时期	1926年	楼主	江长林、江长德、江长龄
侨居国	美国	建筑层数	4
建筑类型	碉楼	建筑结构	水泥青砖结构

建筑简介：

　　德仔楼，又名读月楼，进院大门上有"勋庐"二字的石刻。位于花都平山村，始建于1926年，由江家三兄弟江长林、江长德、江长龄集资兴建。据说设计图纸由加拿大带回，建筑带有巴洛克风格，全楼共有四层，一、二层以水泥筑成，三、四层为青砖修建，下体扎实，上体稳固；一至三楼每层有八间房，四楼有大厅。四楼四角挑出"燕子窝"，天台有环绕整个楼顶的环廊，环廊用高大厚实的雕花围墙围成，绘有祥云纹图案，更设计了西方典型的钟楼式尖塔。

福煊楼

图 2-8　建筑单体信息（续）

（图片来源：作者自摄）

地址	广州花都平山村		
建造时期	民国时期	楼主	刘福煊
侨居国	美国	建筑层数	3.5
建筑类型	碉楼	建筑结构	砖木结构

建筑简介：

　　福煊楼位于花都平山村六队旧村落东边路边，建于民国时期，由旅美华侨刘福煊出资兴建。楼高三层半约13米，平面接近正方形，楼内每层都是木质楼板和楼梯；一楼只有正面墙有小窗户，其他三面墙无窗；二楼到三楼，每层楼每面墙都有一个小窗和左右对称的两个射击孔，小窗四周镶嵌水泥条石加固，装有铁栅栏，并有对开小木门挡光；楼顶的阁楼和平台围墙均设计有射击孔，防御措施完备，是一座名副其实的炮楼。

图 2-8　建筑单体信息（续）

（图片来源：作者自摄）

2.3　研究对象调研的基本概况

2.3.1　广州乡村侨居调研基本概况

（1）洛场村侨居概况

　　洛场村为广州花都区花山镇属下的一个行政村，地处花山镇中东部，村总面积约4平方千米。洛场村曾是花县政治文化中心，也是著名华侨之乡，距今约有270年建村历史。乾隆十六年（1751）洛场立村，主要为许姓人居住；乾隆十九年（1754）江姓、陈姓先祖前后搬迁至洛场村定居，许姓人陆续迁居他地，洛场村成为江、陈两姓宗族聚居地。洛场村下设15个经济社、9个自然村，现今人口约2300人，旅居国外及港澳台同胞达4900人[①]，主要分布于美国、加拿大、巴拿马、西欧、新加坡、马来西亚、南美等国家或地区，新中国成立之前主要旅居东南亚国家，新中国成立后旅居国倾向逐渐向西欧、北美国家偏移。早在清嘉庆年间就有花都人民出洋，两百多年间掀起多次出洋热潮，主要有四方面原因：一是自然环境恶劣，清朝时期花都多山，土地贫瘠，水利

---

① https://baike.baidu.com/item/洛场村/19711624

设施落后，农民生活艰辛贫苦，多选择出洋；二是兵宅匪患祸害，贼匪占据群山，打家劫舍，社会治安极差，村民被迫离乡；三是爱国志士避祸走难，花都地区曾经发起过太平天国运动、天地会、黄花岗起义、大革命农民运动，许多参加运动的志士在失败后流亡海外；四是出国与家人团聚或出洋留学深造[①]。

洛场村人主要侨居在美国，村内现存的四五十栋碉楼楼主均为旅美华侨所建。清同治年间，许多洛场村村民赴美谋生，应募到美国加利福尼亚州修筑铁路。洛场村人在国外坚忍求存，奋力拼搏，扎稳根基后寄钱或自己回乡买地建楼，建起了一座座碉楼；他们还广集资金建设基础设施，兴建学校，提高乡村文化水平，大大改善了家乡贫苦落后的面貌。

2005年花都开展了广州市第四次文物普查，对洛场村华侨碉楼登记在册并列为文物保护单位。和匀生的《花都碉楼》一书中总共记载了51座花都侨居，笔者通过实地走访，总共找寻到侨居包括碉楼在内41座。它们外观保存较为完好，散落分布在15个生产小队中；由于条件有限，其他10座侨居未能找寻到。依据提前准备的调研表通过访问当地居民和网上查找等方式记录各侨居建筑单体信息（表2-3），包括楼名、地址、建造时期、侨居国、楼主、建筑层数、屋顶样式、建筑结构、外观色彩等，并拍摄现状照片。这41栋侨居多

洛场村侨居建筑单体信息调研表　　　　表2-3

楼名	地址	建造时期	侨居国	楼主	建筑层数	平面类型	立面类型	建筑结构
耀宗楼	洛场村一队	民国初期	美国	江耀宗	2.5	独头屋	碉楼（私楼）	钢筋混凝土
汝威楼	洛场村一队	20世纪20年代	美国	江汝威、江汝奖、江汝鉴	4	三间两廊	碉楼（私楼）	钢筋混凝土
岳楼楼	洛场村一队	20世纪20年代	美国	江岳楼	3.5	一偏一正（明字屋）	碉楼（私楼）	钢筋混凝土
岳崧楼	洛场村二队	20世纪30年代	美国	江岳崧	2.5	三间两廊	庐居	钢筋混凝土
岳鸾楼	洛场村二队	20世纪30年代	美国	江岳鸾	3.5	三间两廊	碉楼（私楼）	钢筋混凝土

---

① 卢福汉.花都古村落探寻[M].广州：华南理工大学出版社，2018.

续表

楼名	地址	建造时期	侨居国	楼主	建筑层数	平面类型	立面类型	建筑结构
起鹏楼	洛场村二队	清末	美国	江起鹏	2.5	独头屋	广府民居洋房	砖木结构
兰芳楼	洛场村二队	20世纪30年代	美国	江兰芳	3.5	独头屋	广府民居洋房	钢筋混凝土
景芳楼	洛场村二队	20世纪30年代	美国	江景芳	3.5	独头屋	碉楼（私楼）	钢筋混凝土
禄海楼	洛场村二队	20世纪20年代	美国	江禄海	3.5	一偏一正（明字屋）	碉楼（私楼）	钢筋混凝土
营辉楼	洛场村二队	民国时期	美国	江营辉	2.5	一偏一正（明字屋）	碉楼（私楼）	钢筋混凝土
通亮楼	洛场村二队	20世纪30年代	美国	江通亮	4	一偏一正（明字屋）	碉楼（私楼）	钢筋混凝土
惠南楼	洛场村二队	20世纪30年代	美国	江惠南	3.5	一偏一正（明字屋）	碉楼（私楼）	石质结构
容南楼	洛场村二队	20世纪30年代	美国	江容南	3	三间两廊	碉楼（私楼）	钢筋混凝土
连辉楼（配芬家塾）	洛场村二队	1927	—	江连辉	4.5	一偏一正（明字屋）	碉楼（私楼）	—
荣辉楼（配芬家塾）	洛场村二队	1927	—	江荣辉	4.5	一偏一正（明字屋）	碉楼（私楼）	青砖结构
绍甲楼（瑞莲楼）	洛场村三队	民国初期	美国	江绍甲	5.5	三间两廊	碉楼（私楼）	砖木结构
绍庚楼	洛场村三队	20世纪20年代	美国	江绍庚	4	独头屋	碉楼（私楼）	钢筋混凝土
开康楼	洛场村三队	20世纪20年代	美国	江开康	3	一偏一正（明字屋）	庐居	钢筋混凝土
文全楼	洛场村三队	20世纪20年代	—	江文全	2.5	独头屋	碉楼（私楼）	钢筋混凝土
容滕楼（东伟楼）	洛场村三队	民国初期	美国	江东伟	3.5	独头屋	碉楼（私楼）	—
飞机楼（江梓桥楼）	洛场村三队	1937	美国	江梓桥	3.5	三间两廊	碉楼（私楼）	青砖结构
坦克楼（江梓球楼）	洛场村三队	民国时期	美国	江梓球	3.5	独头屋	广府民居洋房	青砖结构

续表

楼名	地址	建造时期	侨居国	楼主	建筑层数	平面类型	立面类型	建筑结构
彰柏家塾	洛场村八队	20世纪20年代	美国	江彰柏	3	一偏一正（明字屋）	碉楼（私楼）	青砖结构
澄庐（活煊楼）	洛场村八队	20世纪30年代	美国	江活煊	3.5	三间两廊	碉楼（私楼）	砖木结构
活元楼（剑楼）	洛场村八队	民国初期	—	江活元、江活桥	3	三间两廊	庐居	青砖结构
开诚楼	洛场村八队	20世纪30年代	美国	江开诚	3	独头屋	碉楼（私楼）	青砖结构
津仁楼	洛场村八队	20世纪30年代	—	江津仁	3.5	三间两廊	碉楼（私楼）	砖木结构
江启楼	洛场村八队	20世纪30年代	—	江启	2	三间两廊	广府民居洋房	砖木结构
静观庐（悦远楼）	洛场村八队	20世纪30年代	美国	江悦远	3.5	一偏一正（明字屋）	碉楼（私楼）	青砖结构
活钦庐（开宏楼）	洛场村八队	20世纪30年代	美国	江开宏	3.5	一偏一正（明字屋）	碉楼（私楼）	钢筋混凝土
灿洲楼	洛场村八队	20世纪20年代	美国	江灿洲	3.5	三间两廊	碉楼（私楼）	砖木结构
鹰扬堂（自谦楼）	洛场村八队	20世纪30年代	美国	江自谦	3.5	一偏一正（明字屋）	碉楼（私楼）	—
拱日楼（作正楼）	洛场村八队	20世纪20年代	美国	江作正	4.5	三间两廊	碉楼（私楼）	砖混结构
穗庐	洛场村九队	20世纪30年代	—	江作周	3	独头屋	碉楼（私楼）	砖木结构
桂添楼	洛场村九队	20世纪30年代	—	江桂添、江桂洪、江桂廷	2	三间两廊	广府民居洋房	钢筋混凝土
桂昌楼（作朗楼）	洛场村九队	20世纪30年代	—	江作朗	3.5	三间两廊	碉楼（私楼）	钢筋混凝土
桂帮楼	洛场村九队	20世纪20年代	—	江桂帮	2	三间两廊	碉楼（私楼）	砖木结构
桂检楼（作彬楼）	洛场村九队	20世纪20年代	—	江作彬	2	三间两廊	广府民居洋房	砖木结构
桃李楼	洛场村九队	20世纪20年代	—	江桂李	3	三间两廊	碉楼（私楼）	砖木结构

续表

楼名	地址	建造时期	侨居国	楼主	建筑层数	平面类型	立面类型	建筑结构
廷辉楼（春鸿楼）	洛场村九队	1935	秘鲁	江春鸿	3	三间两廊	碉楼（私楼）	砖木结构
廷芳楼	洛场村六队	20世纪20年代	美国	江廷芳	3.5	三间两廊	碉楼（私楼）	—

（资料来源：作者根据实地调研整理）

建于民国时期（20世纪20～30年代），大部分为居住型碉楼，少部分为三间两廊洋房及庐居。洛场村侨居大多为多层建筑，形制各异，造型各具特色，融中国传统乡村建筑文化与西方建筑元素于一体，兼具居住与防卫功能，形成了鲜明的广府侨居特色，表现出特有的艺术魅力，是特定时代特定地域多元文化碰撞交汇而成的历史景观。洛场村大多数侨居已经无人居住，少数还有年迈的老人守楼。近几年，洛场村碉楼群的价值被逐渐挖掘，建立了以洛场村百年碉楼和融合古村落原生态乡土民俗以及侨乡文化为特色的文化集聚园区花山小镇，宣扬广州侨乡文化。洛场村著名的特色侨居有彰柏家塾、静观庐、鹰扬堂、澄庐、开诚楼、活元楼、起鹏楼、江梓球楼（坦克楼）、江梓桥楼（飞机楼）、绍庚楼等，其分布如图2-9所示。每栋侨居都承载着一段故事和历史，记载着侨乡民俗文化和历史传统的变迁。

（2）平山村

平山村是广州花都区花山镇的下辖行政村，面积近4.3平方千米，由上堡、下堡、肥宪庄、仕名庄、同威庄、厥稳庄等15个自然村组成，新中国成立前平山、洛场、东华和平西四个村合称为平山村，村内江、刘二姓的先辈是当时花都县人旅美华侨的先驱。平山村的海外华侨众多，主要集中于美洲，旅居美国、加拿大、巴拿马的居多，是名副其实的华侨之乡。通过走访调查发现，村内现今仍保留着许多华侨房屋，多数是广府传统民居样式，在较偏的村庄还巍然矗立着几栋碉楼，它们是平山村历史的见证者，见证了抗战时期日军侵略的罪行及村民顽强抵抗日军的英勇事迹。这些侨居中建筑规模和外观特征相对显著并且被登记在册的受保护建筑有13栋，能查询和实地调研到建筑相关信息的侨居总共为旧栋（图2-10），主要集中在庙边庄、仕名庄、厥稳庄等，

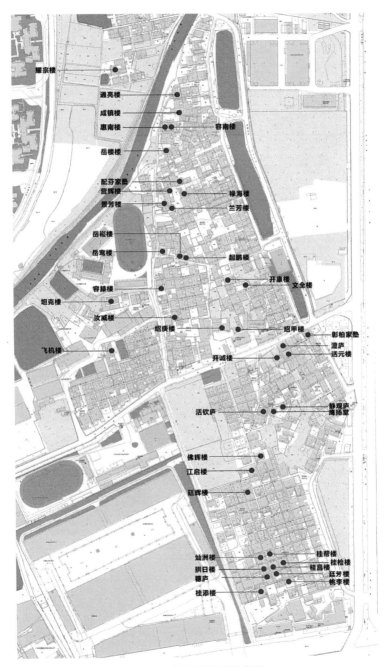

图 2-9 洛场村侨居分布图

（图片来源：作者自绘）

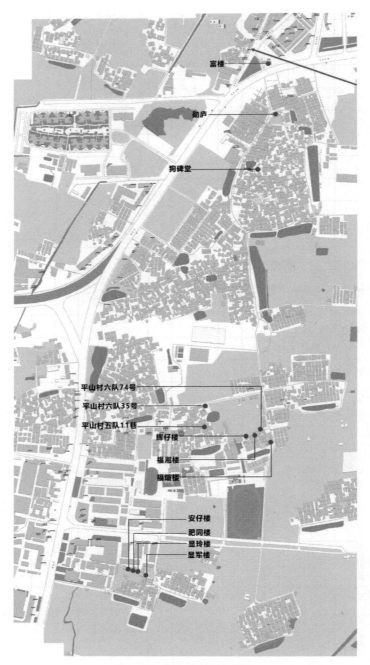

图 2-10　平山村侨居分布图

（图片来源：作者自绘）

较为著名的侨居有富楼、勋庐、狗碑堂、安仔楼、肥同楼、显玲楼、显军楼等，各侨居建筑单体信息见表2-4。

平山村侨居建筑单体信息　　　　　　　　　　表2-4

楼名	平面类型	建造时期	侨居国	楼主	建筑层数	屋顶	立面类型	建筑结构
德仔楼（读月楼、勋庐）	三间两廊	1926	美国	江长林、江长德、江长龄	4	攒尖凉亭顶	碉楼（私楼）	水泥青砖结构
富楼	三间两廊	1926	美国	江长林、江长德、江长龄	3	平屋顶	庐居	青砖结构
狗碑堂	三间两廊	1926	美国	江长林、江长德、江长龄	2	平屋顶	庐居	石材结构
显军楼	三间两廊	民国时期	美国	刘显军	2.5	平坡结合	碉楼（私楼）	青砖结构
显玲楼	三间两廊	民国时期	美国	刘显玲	3.5	平坡结合	碉楼（私楼）	青砖结构
安仔楼	三间两廊	民国时期	美国	—	5.5	平屋顶	碉楼（私楼）	青砖结构
肥同楼	三间两廊	民国时期	美国	刘显同	6	平屋顶	碉楼（私楼）	青砖结构
福煊楼	独头屋	民国时期	美国	刘福煊	3.5	平坡结合	碉楼（更楼）	砖木结构
福湘楼	一偏一正（明字屋）	20世纪20年代	美国	刘福湘	3	坡屋顶	碉楼（私楼）	青砖结构
辉仔楼	一偏一正（明字屋）	1945	美国	刘俊辉	3.5	平屋顶	碉楼（私楼）	砖木结构

（资料来源：作者根据实地调研整理）

（3）塘美村

塘美村位于广州市增城区新塘镇东北部，面积约4.5平方千米，东与白石村，南与石下村、观湖村，西与瑶田村，北与东埔村、上邵村相邻，辖11个生产合作社，常住人口3200多人，海外侨胞众多，是增城侨乡之一。明清时期的塘美村属增城县清湖都，新中国成立后属增城县新二区，经历几次行政分划，至2004年才属增城新塘镇塘美行政村。村内居民以刘、叶、关姓居多。早在清代时期塘美村就有不少人出洋，足迹遍及新西兰、澳大利亚、新加坡、加拿大、美国等国家。现今塘美村保留着上百座华侨房屋，分布于一坊街、二坊街等处，其中大多数是传统广府民居样式房屋，少数为中西合璧式洋房；经统计，共有7栋西式特征较为明显的华侨洋房，侨居分布如图2-11所示，各栋侨居建筑单体信息见表2-5。

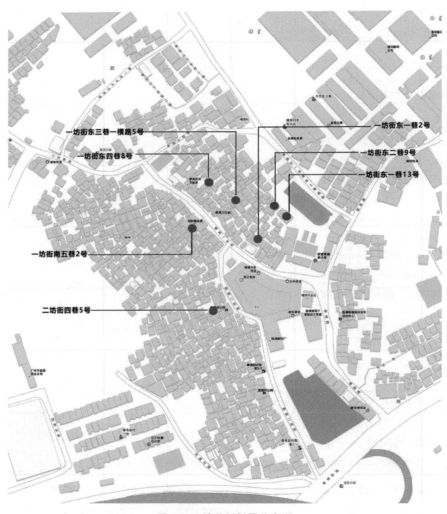

图2-11 塘美村侨居分布图

（图片来源：作者自绘）

塘美村侨居建筑单体信息 表2-5

建筑名称	立面类型	建造时期	侨居国	结构材料	房屋主人	建筑层数	平面形制
一坊街东一巷2号	庐居	民国时期	美国	砖混结构	刘壹峰	3	明字屋
一坊街东一巷13号	南洋骑楼式洋房	民国时期	加拿大	砖木、钢筋混凝土混合结构	—	2	独头屋
一坊街东二巷9号	广府民居洋楼	民国时期	—	砖混结构	—	2	独头屋
一坊街东三巷一横路5号	广府民居洋楼	民国时期	—	砖混结构	—	3	独头屋
一坊街东四巷8号	广府民居洋楼	民国时期	—	砖混结构	—	2	三间两廊
一坊街南五巷2号	南洋式骑楼	民国时期	美国	砖混结构	—	3	独头屋
二坊街四巷5号	庐居	1936	美国	砖混结构	—	2	一偏一正（明字屋）

（资料来源：作者根据实地调研整理）

（4）黄沙头村概况

黄沙头村位于广州市增城区新塘镇，占地面积1.2平方千米，具有800多年的建村历史，是广东著名侨乡，第二次鸦片战争以后已有村民出洋参加淘金热潮，1902—1903年出洋人数最多，主要旅居加拿大、美国、澳大利亚、新西兰等国家。20世纪20～30年代，许多华侨寄钱或亲自回乡建屋娶妻，经济更富裕的华侨还集资兴建沙溪小学。现今黄沙头村常住人口1940多人，海外侨胞众多，纷纷为家乡振兴贡献力量。通过走访了解到村内黄姓华侨较多。

通过笔者的走访调查统计，黄沙头村现存共有21栋侨居，集中分布在沙溪街、沙头街及西坊街（图2-12），其他街巷可能还有散落的侨居未被统计到。该村侨居类型较为丰富，有三间两廊式洋房、南洋风骑楼、庐居和居住型碉楼，建筑装饰华丽丰富，富有西式异域风采。这些侨居大多成为无人居住的"空楼"，由于房屋老旧大多不适宜居住，原楼主早已搬离，或出国定居，或迁居他乡，少数由原楼主后人居住或管理和出租。黄沙头村著名的侨居有沙溪街二巷1号楼、沙溪街四巷2号楼、黄锡崧洋楼、黄杰维洋楼、黄善安民宅等，各栋侨居建筑单体信息见表2-6。

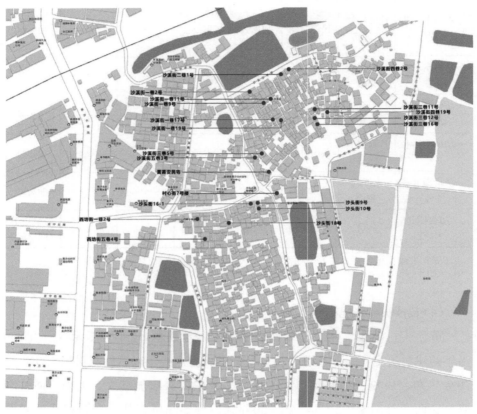

图2-12 黄沙头村侨居分布图

（资料来源：作者自绘）

黄沙头村侨居建筑单体信息 表2-6

建筑名称	类别	建造时期	侨居国	结构材料	房屋主人	建筑层数	平面形制
村心街7号	南洋式骑楼	民国初期	—	砖混结构	—	2	独头屋
沙溪街一巷2号	广府民居洋房	民国初期	加拿大	砖混结构	—	2	独头屋

续表

建筑名称	类别	建造时期	侨居国	结构材料	房屋主人	建筑层数	平面形制
沙溪街一巷9号	广府民居洋房	民国初期	—	砖木结构	—	2	三间两廊
沙溪街一巷17号	碉楼	民国初期	—	砖混结构		3	独头屋
沙溪街一巷11号	广府民居洋房	民国初期	—	砖木结构		2	独头屋
沙溪街一巷19号	广府民居洋房	民国初期	—	砖混结构		2	三间两廊
沙溪街二巷1号	南洋式骑楼	民国初期	新西兰	砖混结构		2	三间两廊
沙溪街三巷5号	南洋式骑楼	民国初期	新西兰	砖混结构		2	独头屋
沙溪街三巷11号	南洋式骑楼	民国初期	新西兰	砖混结构		2	独头屋
沙溪街三巷12号	庐居	民国初期	—	砖混结构		3	独头屋
沙溪街三巷16号	广府民居洋房	民国初期	—	砖混结构		2	独头屋
沙溪街四巷19号	广府民居洋房	民国初期	—	砖木结构	—	2	三间两廊
黄善安民宅	广府民居洋房	民国初期	新西兰	砖混结构	黄善安	3	独头屋
黄杰维洋楼（沙溪街16—1号）	广府民居洋房	民国初期	加拿大	砖混结构	黄杰维	2	三间两廊
黄锡崧洋楼（沙头街9号）	广府民居洋房	民国初期	加拿大	砖混结构	黄锡崧	2	三间两廊
沙头街10号	广府民居洋房	民国初期	加拿大	砖混结构	—	2	三间两廊
沙头街18号	广府民居洋房	民国初期	—	砖混结构	—	3	三间两廊
沙溪街四巷2号	碉楼	民国初期	—	砖混结构	—	2	独头屋

建筑名称	类别	建造时期	侨居国	结构材料	房屋主人	建筑层数	平面形制
沙溪街五巷3号	碉楼	民国初期	—	砖混结构	—	2	独头屋
西坊街一巷2号	南洋式骑楼	民国初期	新西兰	砖混结构		2	独头屋
西坊街五巷4号	庐居	民国初期	—	砖混结构	—	2	独头屋

（资料来源：作者根据实地调研整理）

2.3.2 开平乡村侨居调研基本概况

（1）自力村

自力村位于广东开平市塘口镇，由三个方姓自然村组成，从清道光十七年（1837）建村至今已有180多年历史，村内现有63户人家175人，海外侨胞和港澳同胞有248人，主要聚居在美国、加拿大、英国、马来西亚以及中国的香港和澳门等国家或地区。自力村一直以来饱受洪涝灾害和土匪侵扰，鸦片战争之后村民生活更加困苦，适逢资本主义国家来华招募劳工，许多村民背井离乡出洋谋生，后来由强扶弱，一个带一个，旅外者逐渐增多。20世纪20年代，开平社会相对稳定，华侨们赚了钱纷纷回乡购田置业，掀起了碉楼建造热，全村先后建起了15座洋楼，包括9座碉楼和6座庐居（图2-13），碉楼楼身高大，多为四五层，外观精美且坚固，防御性强，可抵挡外敌侵犯，保护侨眷生命安全。1919年建起的龙胜楼是自力村最早建造的碉楼，最晚为1948年建造的湛庐，最精美的则属铭石楼。各栋侨居建筑单体信息见表2-7。

（2）马降龙村

马降龙村位于广东开平市百合镇，背靠百足山，面临潭江水，由永安、南安、河东、庆临、龙江五个自然村组成，生态环境十分优美。清朝末年建村，为黄、关两姓宗族聚居地，现今村民有171户共506人，80%为侨户，海外侨胞众多，主要聚居于美国、加拿大、澳大利亚等国家。村内有7座碉楼和11座庐居，分布于村落靠后的茂密丛林当中（图2-14），当时这些侨居在保护当地村民生命财产安全上起着重要作用。村落中还有上百栋传统三间两廊式侨居，

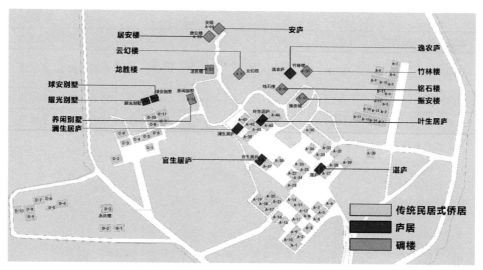

图 2-13　自力村侨居分布图

（图片来源：作者自绘）

自力村侨居建筑单体信息　　　　　　　　　　　　　　　　表 2-7

建筑名称	建筑类型	建造时间	侨居国	房主	层数	建筑样式	建筑结构	屋顶样式
湛庐	庐	1948	—	—	3	柱廊式	砖混结构	平屋顶
官生居庐	庐	1934	美国	方广寅	3	柱廊式	砖木结构	传统坡屋顶
叶生居庐	庐	1930	美国	方广宽	4	柱廊式	砖混结构	平屋顶
澜生居庐	庐	1936	美国	方广容	3	柱廊式	砖木结构	传统坡屋顶
振安楼	碉楼	1924	加拿大	方文振	4	柱廊式	砖混结构	平屋顶
铭石楼	碉楼	1925	美国	方文润	6	柱廊式	砖混结构	凉亭攒尖顶
逸农庐	碉楼	1929	加拿大	方文钿	4	柱廊式	砖混结构	平屋顶
竹林楼	碉楼	1924	—	—	5	柱廊式	砖混结构	平屋顶
云幻楼	碉楼	1921	马来西亚	方文娴	5	复合式	砖混结构	平屋顶
养闲别墅	碉楼	1919	南洋	方文济	5	复合式	砖混结构	平屋顶
耀光别墅	庐	1923	美国	方富耀	3	柱廊式	砖混结构	平屋顶
球安别墅	庐	1920	美国	方富球	3	柱廊式	砖混结构	平屋顶

续表

建筑名称	建筑类型	建造时间	侨居国	房主	层数	建筑样式	建筑结构	屋顶样式
龙胜楼	碉楼	1919	美国	方文龙、方文胜	3	平台式	砖混结构	平屋顶
居安楼	碉楼	1922	—	—	5	复合式	砖混结构	平屋顶
安庐	碉楼	1926	—	—	5	柱廊式	砖混结构	平屋顶

（资料来源：作者根据实地调研整理）

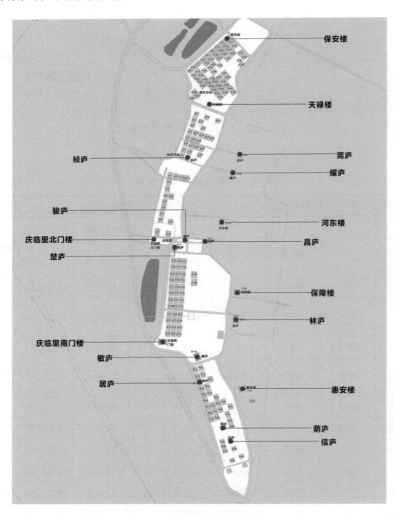

图 2-14　马降龙村侨居分布图

（图片来源：作者自绘）

由于这些侨居与岭南传统民居几乎无异，不能反映外来文化的影响，因此不作为本次研究的对象。村内著名的侨居有天禄楼、保障楼、保安楼、莞庐、祯庐、楚庐、林庐等。各栋侨居建筑单体信息见表2-8。

马降龙村侨居建筑单体信息调研表　　　　　　　　表2-8

建筑名称	类别	建造时期	侨居国	房屋主人	建筑层数	建筑样式	屋顶样式
信庐	庐居	1927	—	关崇信	5	别墅式	穹隆顶凉亭式
荫庐	庐居	20世纪20～30年代	—	—	2	传统创新式	平屋顶
居庐	庐居	20世纪20～30年代	—	—	2	传统创新式	平屋顶
敏庐	庐居	1918		关国敏	4	别墅式	平屋顶
林庐	庐居	1936	墨西哥	关定林	4	别墅式	平屋顶
保障楼	碉楼	1925	—	关氏村民	5	柱廊式	两坡顶
昌庐	庐居	1936			4	柱廊式	平屋顶
楚庐	庐居					别墅式	平屋顶
骏庐	庐居	1936	加拿大	关崇骏	4	柱廊式	平屋顶
河东楼	碉楼	1928	—	关氏村民	5	亭塔式	拱券凉亭式
耀庐	庐居	1928			3	亭塔式	攒尖顶
莞庐	庐居	1928		—	5	复合式	穹隆顶
祯庐	庐居	1928		—	3	复合式	平屋顶
天禄楼	碉楼	1925	—	黄氏村民	8	柱廊式	四角攒尖凉亭式
保安楼	碉楼	1926	—	黄氏村民	5	柱廊式	平屋顶
庆临里南门楼	碉楼	民国初期	—	黄氏村民	2	亭塔式	四坡顶
庆临里北门楼	碉楼	民国初期	—	黄氏村民	3	亭塔式	四坡顶
惠安楼	碉楼	1920	—		4	柱廊式	平屋顶

（资料来源：作者根据实地调研整理）

（3）锦江里村

锦江里村位于广东省开平市蚬岗镇，坐落在潭江河谷丘陵平原，坐西北朝东南，紧靠潭江西岸，沿锦江而建。清朝光绪年间建村，至今有一百多年历史，由黄氏家族按规划建成，房屋沿锦江一字排开，由黄氏先祖黄贻桂划定村首界面线，规定纵巷宽1.5米，每三排建一横隔巷，划出统一面积的宅基地，由族人认购。锦江里村的黄氏族人均旅居美国，村内共建有65栋房屋，其中有3座碉楼和7座庐居，其余为传统三间两廊式民居（图2-15）。民国七年（1918），村民集资兴建了锦江楼，守卫村落家园；民国十二至十四年（1923—1925），旅美华侨黄璧秀修建了瑞石楼，中西建筑风格，楼高25米共9层，是开平现存最美、最高的碉楼，素有"开平第一楼"之称；民国十七年（1928），村民黄峰秀回乡建起升峰楼，三座碉楼位于村后并列成排，掩于茂密丛林当中。村内各栋侨居建筑单体信息见表2-9。

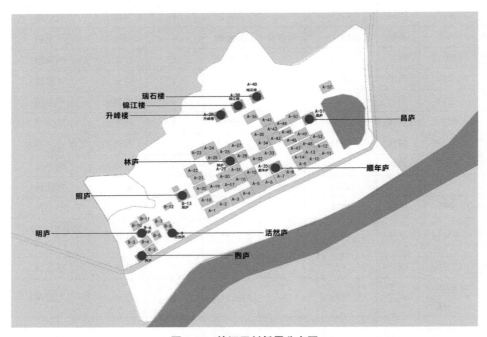

图 2-15　锦江里村侨居分布图

（图片来源：作者自绘）

锦江里村侨居建筑单体信息　　　　　　　　　　　　　　　　　表2-9

建筑名称	类别	建造时间	侨居国	房屋主人	建筑层数	建筑样式	屋顶样式
瑞石楼	碉楼	1923—1925	美国	黄璧秀	9	复合式	穹隆式
锦江楼	碉楼	1918	美国	黄氏宗族	5	平台式	平坡结合屋顶

续表

建筑名称	类别	建造时间	侨居国	房屋主人	建筑层数	建筑样式	屋顶样式
升峰楼	碉楼	1928	美国	黄峰秀	6	复合式	穹隆顶
林庐	庐居	20世纪20~30年代	美国	—	3	传统创新式	平屋顶
昌庐	庐居	20世纪20~30年代	美国	—	2	别墅式	平屋顶
顺年庐	庐居	20世纪20~30年代	美国	—	3	传统创新式	平屋顶
照庐	庐居	20世纪20~30年代	美国	—	3	传统创新式	平屋顶
活然庐	庐居	20世纪20~30年代	美国	—	2	传统创新式	平坡结合屋顶
明庐	庐居	20世纪20~30年代	美国	—	2	传统创新式	平屋顶
煦庐	庐居	20世纪20~30年代	美国	—	2	传统创新式	两坡顶

（资料来源：作者根据实地调研整理）

（4）赓华村（立园）

赓华村又称立园，位于广东开平市塘口镇，是旅美华侨谢维立先生历时十年建造的私家园林，从20世纪20年代开始兴建，至1936年初步建成。谢氏家族很早就在美国经营药材铺和商行，在中国香港设立"佑和办庄"，富甲一方。谢维立从小就赴美读书，接受西方的文化教育，长大后也从商。立园的规划是由谢圣泮的儿子谢维立主持，规则划分了方形宅基地，并嘱咐各兄弟建筑样式按美国洋式形制建造。立园坐西向东，集传统园林、岭南水乡和西方建筑风格于一体，园内分为大花园、小花园和别墅区三部分，三区以人工河道和围墙分隔，又用桥亭和回廊巧妙连为一体。园内分布有一座碉楼（乐天楼）和泮立楼、泮文楼、明庐、晃庐、炯庐、稳庐6座庐居，还有一座中式楼阁别墅（图2-16），各栋房屋室内装饰摆放精致且典雅。立园内的河道是谢维立先生斥巨资开挖的人工河道，长近20千米，宽11米，与潭江相接，现今立园外部的河道已被填埋销声匿迹了，在当年该河道一方面方便出行，另一方面还可用于运输建材，河道在立园的兴建过程中起了积极作用。此外立园的河道还可用于稻田蔬果的灌溉，是岭南园林意境营造中必不可缺的环节。村内8栋侨居建筑单体信息见表2-10。

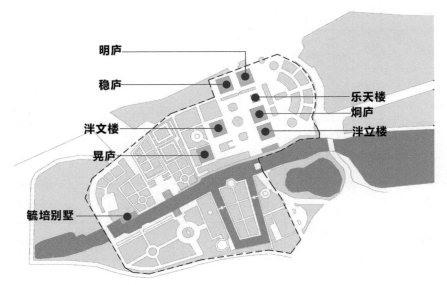

图 2-16 赓华村（立园）侨居分布图

（图片来源：作者自绘）

庚华村侨居建筑单体信息调研表 表2-10

建筑名称	类别	建造时间	侨居国	房屋主人	建筑层数	建筑样式	屋顶样式
泮文楼	庐居	1926	美国	谢维文	3.5	复合式	传统坡屋顶
泮立楼	庐居	1926	美国	谢维立、谢圣泮	3.5	复合式	传统坡屋顶
炯庐	庐居	1932	美国	谢圣炯	2	别墅式	平屋顶
乐天楼	碉楼	1911	美国	谢氏家族	5	传统式	平屋顶
晃庐	庐居	20世纪20~30年代	美国	谢维晃	2	别墅式	平屋顶
稳庐	庐居	20世纪20~30年代	美国	谢维稳	3	复合式	平屋顶
明庐	庐居	1931	美国	谢维钦	2	别墅式	平屋顶
毓培别墅	别墅	1936	美国	谢维立	4.5	别墅式	重檐顶

（资料来源：作者根据实地调研整理）

2.4 本章小结

本章基于"广东地域文化分区"理论，遵循村落对象选取的三大原则，分别选取了广州和开平乡村地区四个典型侨乡村落作为研究对象，共调研了广州侨居80座、开平乡村侨居51座。笔者所调研的地区为该市侨居密集区，或具有地方代表性的侨居集中区，现今许多侨居早已被毁，有些侨居已荒废且无明显特殊的外观特征而未被统计。调研过程借助ArcGIS软件对调研数据进行汇入和统计，建立侨居历史建筑信息数据库，详细介绍了两地侨乡调研村落的基本概况，包括侨乡建村史、各村华侨史及现今村落中保留侨居数量及分布情况，并统计了各单体侨居的详细建筑信息。

第三章

广州与开平近代乡村
侨居建筑地域特征

3.1 广州乡村侨居建筑地域特征

3.1.1 广州乡村侨居空间布局特征

（1）侨居在村落中的分布规律

广州乡村侨居是乡土聚落的附属建筑，它的存在是以聚落为载体的。广州侨乡聚落同样采用广府村落常见的"梳式"布局。在空间分布上，广州乡村侨居呈现出以家族为核心的散点分布形式（图3-1、图3-2），通常一栋侨居周边还有三四栋数量以上的兄弟楼侨居，每个家族小聚落分散于村落各处，每个侨居小聚落房屋并非都带有特别明显的外来建筑特征，大多仍是当地传统民居样式，只有少数带有明显西方色彩的建筑样式被人们所发现和关注。随着乡村、城镇的不断发展，许多侨居因为无法跟随时代发展的脚步而被拆除，有幸留存下来的则零星散落于城镇和乡村各处。如今许多侨乡都已看不到侨居的痕迹，也有许多较为偏僻的乡村侨居幸免拆建，保留着昔日侨乡的光辉历程。

民国时期广州城区受到英国郊区花园运动的影响，在东山一带由国民政府统一规划建起了洋房别墅，深受本地富商和归国华侨青睐，这些洋房别墅建筑

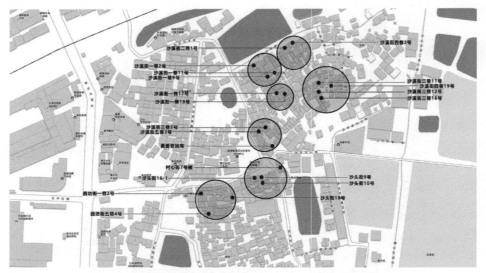

图 3-1　增城黄沙头村以家族为核心的散点侨居分布图

（图片来源：作者自绘）

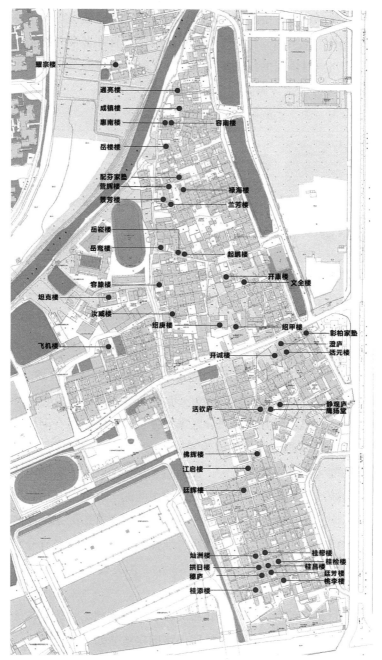

图 3-2 花都洛场村以家族为核心的散点侨居分布图

（图片来源：作者自绘）

基底不再占满整个地块，留出前后花园，这种带庭院的楼房对广州乡村地区也产生了一定影响，在实地调研中发现广州乡村侨居有许多带有独立庭院。通过调查统计，广州乡村侨居的独栋楼房和带独立庭院的房屋数量各占一半，根据庭院的位置可分为前院、侧院和后院（图3-3～图3-5），以前院居多；按庭院的面积可分为大、中、小庭院，其中以小庭院居多。

图3-3　带前院侨居　　　　图3-4　带侧院侨居　　　　图3-5　带后院侨居
（洛场村耀宗楼）　　　　　（洛场村容膝楼）　　　　　（洛场村起鹏楼）

（图3-3～图3-5来源：https://wenku.baidu.com/view/b238eb1cee630b1c59eef8c75fbfc77da3699754.html）

广州乡村侨居总平面布局大多呈狭长矩形，大小体量不一，早期体量较小，后期体量较大，而且多带副楼，体量最大的绍庚楼面积达182平方米，最小的只有30多平方米，大多面积在50～90平方米。独栋的侨居将居住和后勤空间合为一体，通过小天井或平面分区来划分主辅空间，带有副楼的侨居将主辅功能分离；主体建筑以居住功能为主，平面分区主要有客厅、卧室、露台；副楼以后勤功能为主，主要为厨房、卫生间、杂物间、工人房等用房，造型一般为低层的传统坡屋顶砖瓦房；主楼和副楼之间的天井庭院是划分居住和后勤空间的重要界限，一方面可用于干湿分区和改善主楼首层的采光通风条件，另一方面通过偏门联系主庭院，既有联系，加强家族凝聚力，又有分隔，划分阶级。该布局典型案例有洛场村飞机楼（图3-6）、坦克楼（图3-7）。

（2）侨居建筑高度空间分布规律

广州侨乡村落一般延续原乡梳式布局，当华侨家庭需将建筑扩展独立新居时，主要采用两种方式，一种是在故居地将旧房重新修缮或拆除重建，另一种是沿村落周边或村后购置土地修建楼宇。村前的房屋高度通常在一至两层，较为低矮，华侨家庭新建设的侨居在层数和高度上通常高于非华侨家庭民居，层

图 3-6　洛场村飞机楼的主楼与副楼

（图片来源：作者自摄）

图 3-7　洛场村坦克楼的主楼与副楼

（图片来源：作者自摄）

数多数在三至四层，这些侨居主要分布于村落中部和村后位置，分散型分布，多数侨居为体量较大的碉楼和庐居。如广州乡村侨居层数分布图（图3-8）所示，洛场村侨居层数主要在三层以上，分散分布于村落中部和后部；平山村村后的侨居在高度上碾压村前的传统民居洋房。也有一些侨居几乎与村落民居融为一体，如黄沙头村侨居层数主要为两层，与周围传统民居高度一致。随着时间发展，现在侨居周边建起了许多现代化民房，将曾经辉煌的侨居逐渐掩盖于现代化乡村新居之中。

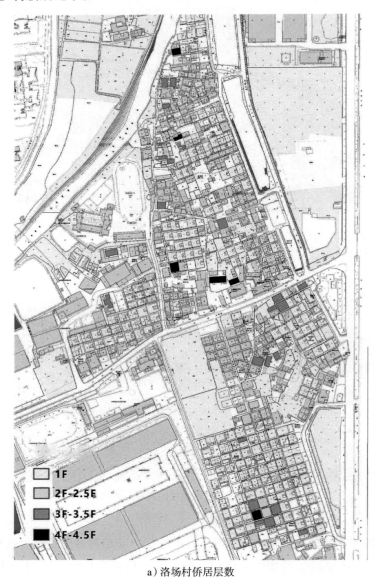

a）洛场村侨居层数

图 3-8　广州乡村侨居层数分布

（图片来源：ArcGIS 软件建立广州乡村侨居信息数据库导出图层）

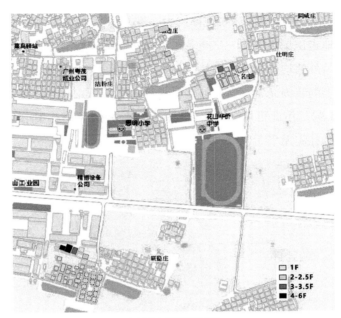

b）平山村侨居层数

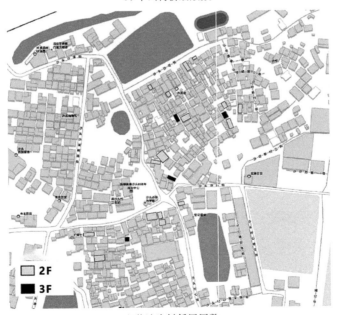

c）黄沙头村侨居层数

图3-8　广州乡村侨居层数分布（续）

（图片来源：ArcGIS软件建立广州乡村侨居信息数据库导出图层）

（3）侨居建筑色彩空间分布规律

通过实地走访调查发现，广州乡村侨居在建筑色彩上与当地传统民居无明显差异，建筑外墙均采用青砖砌筑，墙体直接裸露青砖材质，表面无其他粉刷材料，墙体上的装饰元素、窗户外框材料显示有少量的木色、白色、石灰色进行点缀（图3-9）。由此可见，广州乡村侨居整体建筑色彩朴素单一，与周边环境和谐统一，朴实无华。

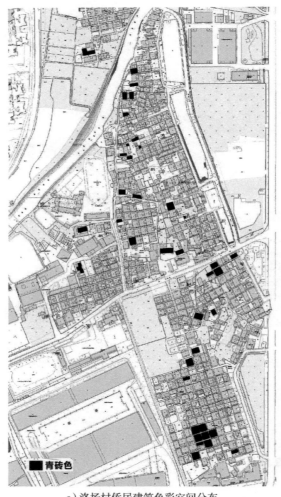

a）洛场村侨居建筑色彩空间分布

图3-9 广州乡村侨居建筑色彩空间分布

（图片来源：ArcGIS软件建立广州乡村侨居信息数据库导出图层）

b）黄沙头村侨居建筑色彩空间分布

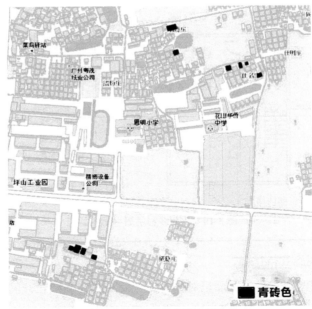

c）平山村侨居建筑色彩空间分布

图 3-9　广州乡村侨居建筑色彩空间分布（续）

（图片来源：ArcGIS 软件建立广州乡村侨居信息数据库导出图层）

3.1.2 广州乡村侨居平面特征

（1）平面形制特征

从平面类型来看，广州乡村侨居集合了粤中民居的所有平面类型，有三间两廊式、一偏一正式、独头屋式三种侨居类型（图3-10），其中三间两廊式平面居多（占47%），独头屋式平面占34%，一偏一正式平面占19%（图3-11）。整体从平面占地来看，狭长形基地比方形基地更多些。侨居布局丰富多变，占地有大有小，规模朝横向及竖向扩展，建筑风格各异。

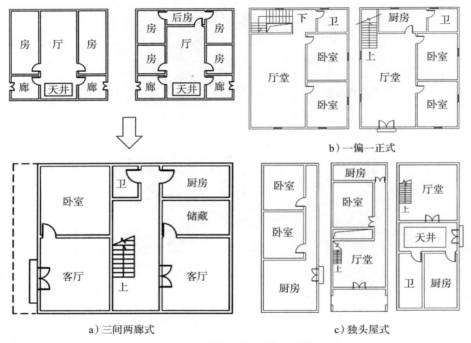

b）一偏一正式

a）三间两廊式

c）独头屋式

图 3-10　广州乡村侨居平面类型

（图片来源：作者自绘）

① 三间两廊式侨居

传统三间两廊式民居平面呈对称的三合院布局，面阔三开间，进深有前后两进或三进形式，前进带两廊屋和天井，后进中间为厅堂，左右为房间，建筑大门位于前进廊屋两侧，全屋占地约140平方米（图3-12）。但这种传统布局无法满足华侨的生活需求和习惯，大多对功能布局进行改良，将对外空间设置

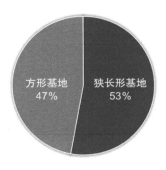

图 3-11　广州乡村侨居平面类型占比

（图片来源：作者自绘）

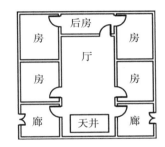

图 3-12　典型传统三间两廊民居平面图

（图片来源：作者自绘）

于建筑前端，对内空间较为私密，实现内外分区，并朝竖向扩展，常见的有二至三层。广州黄沙头村的黄锡崧洋楼在传统三间两廊布局的基础上进行改良，将原本前进的厨房改成了公共空间，一左一右设置了双客厅，一个用于对外接待客人，一个用于内部的生活起居，中部开间原本作为厅堂也被缩小面宽改成了楼梯房和后勤用房，二楼均为内部使用房间，并挑出外廊作为生活阳台（图3-13、图3-14），可见广州乡村地区的传统民居已经无法承载华侨的生活习惯和需求而不断被升级突破。在外观造型上三间两廊式洋房继承了传统坡屋顶建筑形式，除少部分完全采用坡屋顶形式外，大部分将前进屋顶改为平顶式，围以宝瓶栏杆或铁艺栏杆等女儿墙形成平坡结合的混合式屋顶样式；外墙一般采用青砖砌筑，少数在首层采用钢筋混凝土外墙，内部楼板和楼梯采用全木材质或混凝土材质。由于屋顶形式的变化、女儿墙的装饰、西式门窗的组合及外廊的运用，使得原本朴素的建筑立面层次更加丰富，开放性更强。

图 3-13　广州黄沙头村黄锡崧洋楼

（图片来源：作者自摄）

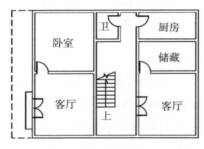

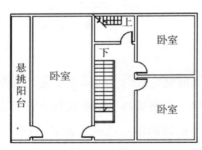

a）一层平面图　　　　　　　　　b）二层平面图

图 3-14　黄锡崧洋楼平面图

（图片来源：作者自绘）

② 一偏一正式侨居

一偏一正式洋房在粤中地区也称为"明字屋"，即三间两廊少了一开间的一房一厨，比三间两廊式更狭长。这种双开间平面，布局灵活，左右开间可大小不一，进深可长可短；通常由厅、房和厨房、天井组合而成，功能明确，使用方便，通风采光性能较好，占地约90平方米，常见层数有一至四层。花都平山村的辉仔楼（图3-15～图3-17）即为典型的一偏一正式侨居，由下往上，基本开间布局为厅堂在左边，两房间在右边，全楼采用木质楼板和楼梯；其外观为典型的碉楼样式，三楼露台和四层阁楼北面两角飘出五边形"燕子窝"，每个墙面和底面均有射击孔，具有较强的防御性能。

图 3-15　平山村辉仔楼外观立面　　　　**图 3-16　辉仔楼内部空间**

（图片来源：作者自摄）　　　　　　　（图片来源：作者自摄）

一层平面图　　　　　　　　　二至四层平面图

图 3-17　平山村辉仔楼平面图

（图片来源：作者自绘）

③ 独头屋式侨居

独头屋式侨居屋面狭窄，单开间平面，面宽3～5米，纵深细长，至少为面宽的3～5倍，占地约40平方米。根据调研发现，平面布局可分为三种类型（表3-1）：第一类是前边为厨房，后边为房间；第二类是前边为客厅，中间根据进深布置一个或多个房间，由于进深大，采光通风困难，还会在中间设置天井，后面房间设后勤厨房，正门有的设于端头狭窄面，有的设于狭长面端部；第三类为正门位于中部开间，面向厅堂或天井进入，左右一边为厨卫，一边为厅堂或卧室。由于人口剧增，广州乡村的独头屋式侨居层数普遍为两至三层，高的也有四层。典型独头屋式侨居案例有增城塘美村一坊街东一巷12～15号楼（图3-18、图3-19），加拿大华侨于民国时期兴建，为四间并排两进式独头屋，总面宽17.8米，总进深11.8米，楼高两层，从端头狭窄面进入，前进为厅堂和楼梯，中间为狭长小天井用于通风采光，后边为房间；二层布局与首层相同，并带有外廊。

独头屋平面形式　　　　　　　　　　　　　　　表3-1

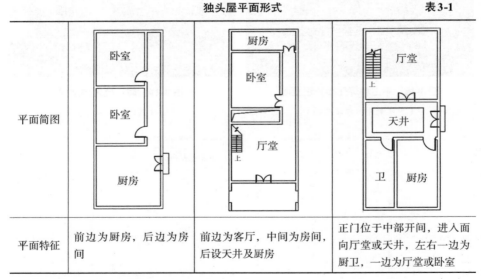

平面简图	卧室／卧室／厨房	厨房／卧室／厅堂	厅堂／天井／卫／厨房
平面特征	前边为厨房，后边为房间	前边为客厅，中间为房间，后设天井及厨房	正门位于中部开间，进入面向厅堂或天井，左右一边为厨卫，一边为厅堂或卧室

（表格来源：作者自制）

（2）广州乡村侨居平面空间发展模式

广州乡村侨居随大家庭"分家析产"，在三间两廊基础上向小规模家庭转变，一栋楼房通常仅居住一个小家庭或一个小家庭与父母老人同住，随之演变

图 3-18　塘美村一坊街东一巷 12～15 号楼

（图片来源：https：//www.fx361.com/page/2020/1102/7199637.shtml）

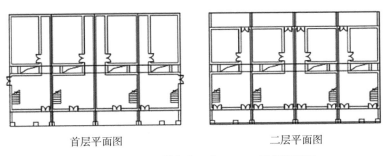

| 首层平面图 | 二层平面图 |

图 3-19　塘美村一坊街东一巷 12～15 号楼平面图

（图片来源：齐艳.广州近代乡村侨居现状及保护活化利用研究[D].广州：华南理工大学，2018.）

出一偏一正式明字屋和独头屋式侨居平面形式。随着小家庭成员的增加，侨居朝竖向扩展，增加楼层扩大居住面积；一些家庭由于房屋过于紧张，为提高居住舒适度或其他原因，同时朝横向扩展空间，增加居住功能或实现公共空间与私密空间划分、洁污分区等，因而从外观上呈现出 L 形立面形态，如洛场村起鹏楼（图 3-20）、黄沙头村沙溪街一巷二号楼（图 3-21）。

图 3-20　洛场村起鹏楼　　　　图 3-21　黄沙头村沙溪街一巷 2 号楼

（图片来源：作者自摄）　　　　　　　（图片来源：作者自摄）

3.1.3 广州乡村侨居立面特征

通过对广州花都、增城四个侨乡村落的实地调研，结合前人的研究成果，查阅广州地方志、华侨史等相关资料，对广州近代乡村侨居立面形式进行整理。整体来看，其建筑立面可分为广府民居式、碉楼式、庐居式、南洋骑楼式四种形式（图 3-22）。

（1）广府民居式立面

传统广府民居普遍为单层，采用砖木混合结构，外墙材料及做法因地而异，外墙装饰以雕饰为主，题材多为花鸟草木、山水人物等。随家族人口的增加，传统广府民居逐渐朝竖向发展成多层建筑，以二至三层居多；前廊的厨房空间有些会随层数增加，有的则保留一层，后进房间增加层数，前廊屋顶可成为后进房间的活动平台（图 3-23）。

山墙顶处灰塑带、门窗、女儿墙、面向平台的主立面这些部位是广府民居式侨居立面的重点装饰部位（图 3-24），通常在这些位置引进外来风格元素，形成独特的中西合璧式侨居立面。

（2）碉楼式立面

广州乡村碉楼立面没有强烈秩序，不讲究对称，大多呈现出退台形式，由下而上面积逐层缩减，退出露台。层数常见的有三到五层。根据退缩的方向可

a）广府民居式　　　　　　　　　　b）碉楼式

c）庐居式　　　　　　　　　　d）南洋骑楼式

图3-22　广州乡村侨居建筑立面类型

（图片来源：作者自绘）

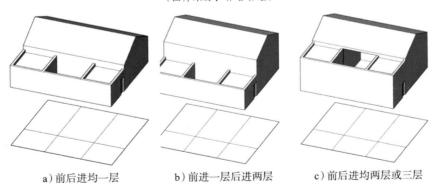

a）前后进均一层　　　b）前进一层后进两层　　　c）前后进均两层或三层

图3-23　传统广府民居立面形式

（图片来源：作者自绘）

分为正面退台和侧面退台。整体立面可分为墙身和屋顶两部分，墙身一般较为简单，屋顶相对更丰富，墙身下部没有过多的突出或凹入的装饰构件以防土匪

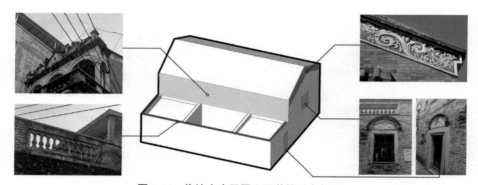

图 3-24　传统广府民居立面装饰重点部位

（图片来源：作者自摄、自绘）

攀爬，上部装饰较为多样。根据立面造型，可分为传统式、平台式和混合式三种类型，其中以平台式居多。

① 传统式

传统式碉楼外观极少装饰，采用青砖墙，形体稳固厚重，防御性强，屋顶为传统硬山顶样式，典型案例有洛场村的绍甲楼（图3-25）和起鹏楼（图3-26）。

图 3-25　广州花都洛场村绍甲楼

（图片来源：作者自摄）

图 3-26　广州花都洛场村起鹏楼

（图片来源：作者自摄）

② 平台式

平台式碉楼采用带女儿墙的平屋顶，通常在一面或多面带有出挑的平台
（图3-27），平台栏杆采用混凝土实墙栏板或石质栏杆两类，有些碉楼自下而上
形成退台，分为正面退台和侧面退台两种形式（图3-28、图3-29）。

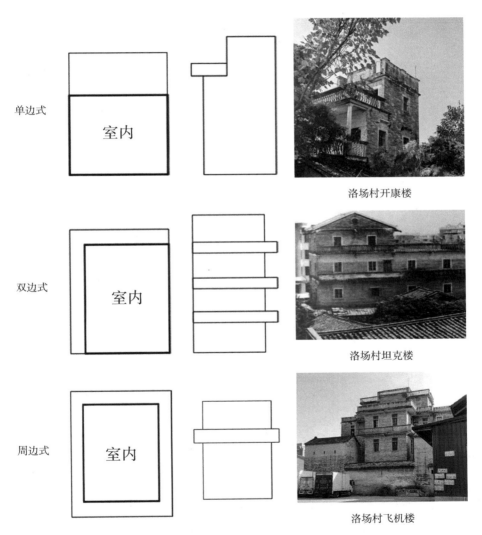

单边式

室内

洛场村开康楼

双边式

室内

洛场村坦克楼

周边式

室内

洛场村飞机楼

图 3-27 广州乡村碉楼平台出挑类型

（图片来源：作者自摄、自绘）

活元楼

容南楼

营辉楼

图 3-28　碉楼正面退台

（图片来源：作者自摄、自绘）

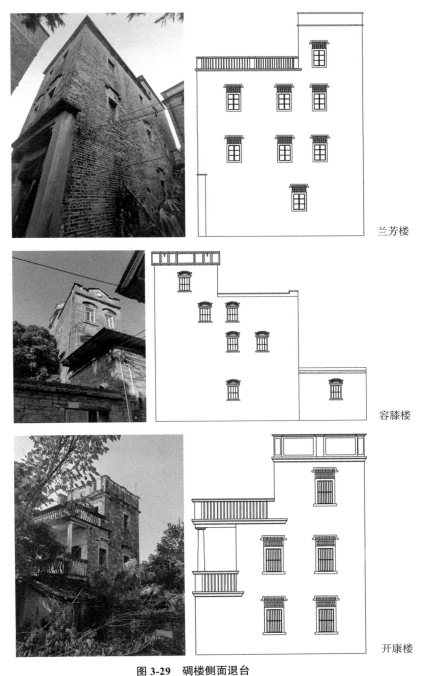

兰芳楼

容膝楼

开康楼

图 3-29　碉楼侧面退台

（图片来源：作者自摄、自绘）

③混合式

混合式碉楼既有传统坡屋顶,又有带平顶露台或挑台,如广州花都洛场村坦克楼主楼(图3-30),屋顶有传统硬山顶和带女儿墙平屋顶,每层两面有出挑的外廊平台,形态丰富复杂。

图3-30 混合式碉楼(广州花都洛场村坦克楼)

(图片来源:和匀生,和鸣.花都碉楼[M].广州:广东人民出版社,2015)

(3)庐居式立面

广州乡村庐居在碉楼的基础上发展而来,在平面上延续并改良了三间两廊式民居的平面布局,形式上结合了碉楼的高耸特征,常见层数为二~四层,建筑在注重居住舒适性的同时结合碉楼的防御特征,属于比较早期的碉楼式庐居(图3-31)。其外观造型上着重装饰楼顶(山花、女儿墙)和门窗部位,有些在上部设置柱廊。

(4)南洋骑楼式立面

广州乡村地区还出现了南洋骑楼式侨居,由传统民居竹筒屋改建而成,建筑平面为长条装竹筒屋形式,包括单开间、双开间及多开间布局。城市地区骑楼首层临街面通常作为商铺,二层为居住空间,建筑层高通常为两到三层;进深至少是宽度的三四倍,直通后巷;屋内功能划分为楼梯、房间、走廊、厨房、厕所,中间设天井用于采光通风。建筑端部狭窄面通常作为临街正面即建

图 3-31　庐居式立面（广州平山村富楼）

（图片来源：https://www.sohu.com/a/134906110_166594）

筑主入口面，采用骑楼样式，首层或二层临街面凹进形成外廊。这种外廊式建筑最早由英国殖民者带入印度，后来成为印度等南亚和东南亚国家普遍采用的建筑形式，随后也传入了我国华南地区。广州乡村地区的南洋骑楼式侨居首层立面较为封闭，二层立面相对自由开放，功能上只作为居住用房，建筑的进入方式分为两种，当建筑临街时从端部狭窄面进入（图3-32），当建筑坐落在各民居小巷之间，无法从端部进入时，建筑入口设于山墙侧面（图3-33）。

　　南洋骑楼式侨居立面可分为楼顶、楼身、楼底三部分。楼顶是骑楼侨居立面的重点装饰部位，楼顶在沿街面前部为山花和女儿墙，后部为传统坡屋顶，骑楼的女儿墙镂空较多，南洋式骑楼更为独特的就是在女儿墙上开一个或多个圆形或其他形状的洞口（图3-34），不仅美观，更减少了台风对建筑的破坏，并且女儿墙喜欢采用海浪弧形，具有鲜明的沿海地区标志特点。中段楼身一般为窗户及阳台或柱廊，采用西式铸铁栏杆或宝瓶栏杆，西式栏杆与柱廊柱体是中部立面的视觉焦点。下部楼底有的墙身凹进形成门廊，正面通常只有广府民居普遍采用的趟栊门和简单窗户，塘美村12～15号楼即为典型的南洋骑楼风格洋房。

图 3-32 从端部狭窄面进入建筑

（广州黄沙头村沙溪街二巷 1 号楼）

（图片来源：作者自摄）

图 3-33 从山墙侧面进入建筑

（广州黄沙头村西坊街五巷 4 号楼）

（图片来源：作者自摄）

图 3-34　南洋式骑楼女儿墙

（图片来源：作者自摄）

3.1.4　广州乡村侨居立面细部构件

广州乡村侨居立面构件按样式以及装饰部位的不同，分为门窗、山花、女儿墙装饰、"燕子窝"角堡、柱式及柱廊、图案装饰等。以下对广州乡村侨居构件一一举例说明。

（1）窗户样式

广州乡村侨居窗户较多，开窗无统一尺寸，多数为瘦长矩形窗洞，尺寸多为宽10～12厘米、高120～160厘米，首层层高较高，窗台高度也高，窗户一般在墙面直接开洞而成，分内外两层，其中一层为防盗用铁栅栏，另一层为木挡板或玻璃窗。窗户均为对开窗，窗框多为木质，也有的更新为铝合金等金属材质，窗洞四周一般为水泥涂面。

窗户上面多带有窗楣，有一字形、几字形、三角形、弧形、半圆形等样式（图3-35），窗楣与窗框之间相距5～30厘米，它们之间通过变换砖砌方式以达到装饰的效果。砖砌方式有横竖错缝顺砌、拱形砌法（图3-36）。多数窗楣伸出较短，起不到遮雨作用；也有少量窗楣伸出较长，可以遮雨。

为了增强装饰性，有些侨居在窗户左右两边的砖半突出墙外，形成柱式的造型效果；有些则将窗户两边的砖横竖交砌（图3-37、图3-38），形成独特的窗户样式，既经济又美观大方。少数半圆形西式窗楣与广府传统灰雕相结合，采用中国传统花草山水题材，形成精巧独特的中西合璧式窗户（图3-39）。

a）一字形   b）几字形   c）三角形

d）弧形   e）半圆形

图 3-35　广州乡村侨居窗楣类型

（图片来源：作者自摄）

（2）大门样式

广州乡村侨居大门几乎都采用趟栊门。传统趟栊门由矮脚门、趟栊、木板大门三部分组成（图3-40），而广州乡村侨居的趟栊门一般只有趟栊和木板两道门组成，大门上方30～50厘米处一般都有一个石质门楣，多为一字形凸起式，多数门楣仅为装饰性，不起遮雨作用。部分建筑会在大门口采用壁柱、拱券、古典立柱等西方建筑要素，但并不多见。少数较为富裕的家庭会在大门外设门框装饰，大门略微凹进，在门廊顶部用彩绘装饰，题材以卷草、涡卷、瓜果、花卉等图案为主（图3-41）。

a）横竖错缝顺砌　　　　　　　　　　　　b）拱形砌法

c）拱形砌法　　　　　　　　　　　　d）拱形砌法

图 3-36　广州乡村侨居窗户砖砌方式

（图片来源：作者自绘）

图 3-37 窗户两边砖砌柱

（图片来源：作者自摄）

图 3-38 窗户两边砖横竖交砌

（图片来源：作者自摄）

图 3-39 中西合璧式窗户

（图片来源：作者自摄）

图 3-40 趟栊门组成

（图片来源：作者自绘）

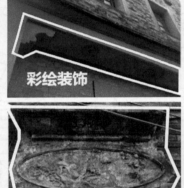

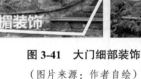

图 3-41 大门细部装饰

（图片来源：作者自绘）

（3）山花及女儿墙

广州乡村侨居受到外来文化影响，喜好运用山花及女儿墙丰富建筑外观，山花和女儿墙有机结合在一起，在碉楼、庐居、南洋式骑楼侨居立面上均有出现。通过调查统计发现，广州乡村侨居山花样式主要分为南洋希腊式和南洋巴洛克式两种风格，南洋希腊式主要是三角形的山花，南洋巴洛克式山花有立柱神龛匾额式、扁平神龛式、镜面神龛混合式几种类型（图3-42）。

a）南洋希腊式三角形山花

b）南洋巴洛克式：立柱神龛匾额式山花

c）南洋巴洛克式：扁平神龛式山花

d）南洋巴洛克式：镜面神龛混合式山花

图 3-42　广州乡村侨居山花样式

（图片来源：作者自摄）

通常我们将强调力量、变化和动感、色彩绚丽、造型奇异的造型艺术称为巴洛克风格，而南洋式巴洛克风格正是巴洛克艺术集合了南洋地域建筑特征，即在巴洛克山花上开圆形洞口，是南洋建筑的典型装饰手法。立柱神龛匾额式山花通常在楼顶断开挑檐板，设短柱支撑弧形山墙盖顶，中间放置宝瓶等装饰雕塑；或在墙面上饰以花草灰雕，或结合楼名牌匾，外观神似中国式神龛，寄寓保护户主家人生活如意、生意兴隆的心愿和信仰。扁平神龛式山花在外形上也与中国神龛类型，但不具备空间立体属性。镜面神龛混合式山花即在"神龛"墙面内用灰塑雕刻豪华"镜面"，周边有天使圣女或涡卷雕刻环饰。

根据女儿墙材料类型及特征，可将广州乡村侨居女儿墙分为青砖墙面式、铸铁水泥式、宝瓶栏杆式、水泥实墙面式、镂空砖砌式五种类型（图3-43）。青砖女儿墙多余楼身墙面连续，使建筑显得更加高大；铸铁水泥栏杆女儿墙可以塑造各种花纹样式栏杆造型，是丰富立面造型的重要手段，这种做法经济且造型效果突出，在广州乡村侨居中十分受欢迎；宝瓶栏杆女儿墙在广东的许多乡村地区都十分常见；水泥实墙面女儿墙是在青砖墙外刷了一层水泥，与楼身

a）青砖墙面

b）铸铁水泥栏杆

c）宝瓶栏杆

d）水泥实墙面

e）镂空砖砌

图 3-43　广州乡村侨居女儿墙类型

（图片来源：作者自摄）

青砖区分开来；镂空砖砌女儿墙利用青砖砌出镂空的花纹样式，取材方便且做法简单，具有地域特色，可见广州乡村人民的聪明智慧。

（4）"燕子窝"角堡

在广州乡村侨居中，主要是少数防御性较强的碉楼带有突出悬挑的全封闭或半封闭的角堡，俗称"燕子窝"，通常位于顶层或屋顶四角，通常在其各个面及底面设置射击孔，可以观察和保护建筑各个死角，还击进村之敌；其造

型各异，有圆形、六边形、八边形、切角矩形等（图3-44），分布于建筑四角、
三角、正面两角或背面两角的情况均存在（图3-45）。

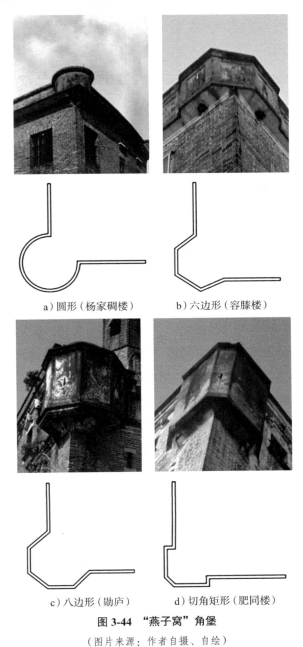

a）圆形（杨家碉楼）　　　　　　b）六边形（容滕楼）

c）八边形（勋庐）　　　　　　d）切角矩形（肥同楼）

图3-44　"燕子窝"角堡

（图片来源：作者自摄、自绘）

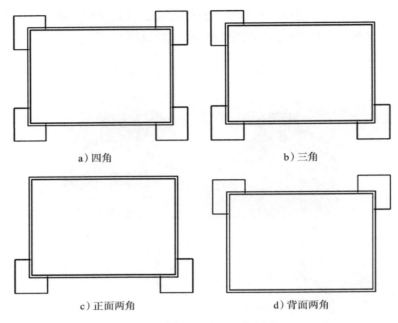

a）四角　　　　　　　　　　　　b）三角

c）正面两角　　　　　　　　　　d）背面两角

图3-45　"燕子窝"分布位置

（图片来源：作者自绘）

（5）柱式及拱券

通过实地调研发现，广州乡村侨居柱式是在西方罗马柱式的基础上进行模仿创新，形式上有所简化，大致可分为以下几类（图3-46）：第一，仿爱奥尼式，柱头上装饰四个涡卷，柱身由下至上略有收分，原柱身凹槽被简化，一般不做装饰；第二，仿罗马混合柱式，结合了爱奥尼柱头上的涡卷和科林斯柱式的茛苕叶，有的将柱头下部装饰柱段简化，不做装饰；第三，变异创新式，柱式横截面呈方形，柱身装饰中式图形凹槽，柱头用多层凹凸线脚装饰；第四，中西结合式，有些柱头模仿中国传统柱式须弥座束腰状，柱头下装饰花纹，形态上与西方多立克柱式有异曲同工之处。

（6）建筑结构与材料

广州乡村侨居有砖混结构、砖木结构及石质结构三种类型，其中砖混结构居多，占调研数据的70%（图3-47）。砖混结构即外墙采用青砖砌筑，青砖取自当地石材，室内使用钢筋混凝土楼板和楼梯，水泥等黏合剂为进口材料；砖木结构在广州乡村侨居当中也比较常见，外墙采用青砖，室内为木质楼板和楼

a) 仿爱奥尼式　　　　　　　　　　　b) 仿罗马混合柱式

c) 变异创新式　　　　　　　　　　　d) 中西结合式

图 3-46　广州乡村侨居柱式类型

（图片来源：作者自摄）

梯；石质结构只有个别楼栋，并且是由于战争的破坏后期修建成石质结构的，楼板和门窗所用木材为坤木。

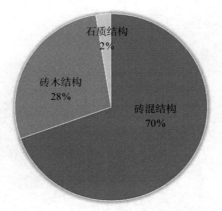

图 3-47　广州乡村侨居建筑结构类型占比

（图片来源：作者自绘）

3.2 开平乡村侨居建筑地域特征

3.2.1 开平乡村侨居空间分布特征

（1）侨居在村落中的分布规律

开平乡村侨居有整齐排列的"梳式"布局、棋盘式及自由散点式三种分布形式，绝大部分开平村落采用低层高密度的"梳式"布局①，村落选址通常倚山面水近田，讲究风水景观，与自然环境密切结合。村前一般设有池塘，池塘两边设牌坊或门楼，池塘至民居区为晒场，村前通常排布较为低矮的传统民居式侨居，楼层稍高些的庐居相对靠后散落在民居或密林当中，挺拔显眼的碉楼根据不同功能分布于村前、村中和村后。民居聚落设纵向巷道，出于风水原因，建筑前后一般不开窗，因此建筑前后间距狭窄紧凑，难以通行。典型"梳式"

① 见郭焕宇论文《近代广东侨乡民居文化比较研究》。作者在文中描述了广府"梳式"布局特征：广府传统聚落典型的梳式布局纵向巷道宽度在1.5～2.0米，为村内主要的交通道路，而建筑前后间距狭窄，仅为30～40厘米，无法通行，有的村落民居甚至前后未留间隔。

布局侨乡村落有黄氏家族建立的锦江里村（图3-48）和黄、关氏两家族建立的马降龙村。

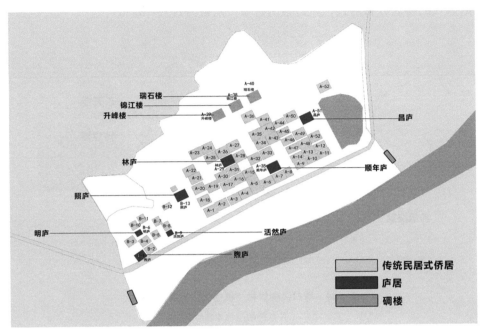

图 3-48　蚬岗镇锦江里村"梳式"布局侨居分布形式

（图片来源：作者自绘）

限于原村落人多地少的窘境或出于投资目的，部分华侨联合社会组织重新择地建设新村，形成新的华侨社群组织聚落。由于生活习惯、家庭结构、思想观念的转变，华侨新村规划更加注重居住的舒适性和交通便利性，通过学习西方城镇规划制度，由同姓家族或华侨组织集资兴建和统一规划，均匀划分宅基地、规定建筑占地面积、规定道路排布、规范建筑式样，形成"棋盘式"的新型村落布局，在"梳式"布局的基础上扩大建筑前后间距，满足建筑四面开窗采光通风的需求；整齐划一的纵横交通便于通行，同时利于在建筑正前面设置建筑入口，形成"独门独户"，道路的视距空间可充分展示建筑外观形象。开平赓华村即为未建设完全的"棋盘式"侨乡村落（图3-49）。

经过长期发展已形成完整、统一、稳定形态格局的侨乡村落，当华侨家庭需要修缮故居或重建楼房时，需充分考虑原有的村落格局和风貌特征，以免招致邻里责难，因此尺度规模和形态变化较大的侨居通常选址在村落两侧和后部，新旧民居之间未形成严谨的空间对应关系，呈现自由分布状态，形成自由散点式的侨居分布形式，典型案例有塘口镇自力村（图3-50）。

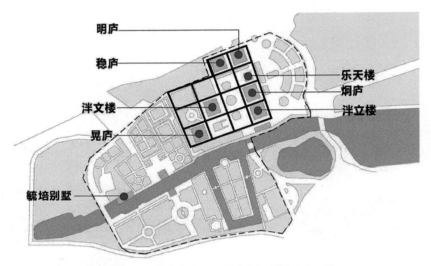

图3-49　塘口镇赓华村"棋盘式"侨居分布形式

（图片来源：作者自绘）

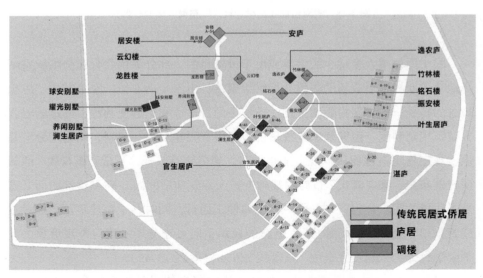

图3-50　塘口镇自力村"自由散点式"侨居分布形式

（图片来源：作者自绘）

（2）侨居建筑高度空间分布规律

通过ArcGIS软件建立的开平乡村侨居信息数据库导出的开平乡村侨居层数分布图可以发现其在建筑高度上的空间分布规律：建筑高度与传统民居一致的三间两廊式侨居一般建造于村落的前部和中部，这些区域的侨居建筑形态、高度、风格很大程度上受到原村民居风貌的限制；前排可见的高楼一般是村民自己建设的众楼（碉楼），用于监守村落、抵御外敌。建筑高度较高、体量较大的侨居，或顺应原村落格局，或自由散落在村落周边或后部，相对远离原村落，无需延续村落原有的空间风貌特征，在建筑尺度、风格色彩上具有更大的发挥空间。如马降龙村层数在四至八层的高层侨居沿梳式布局建于村落后部，自力村前排基本为一层高度的侨居，四至六层的高层侨居自由分散坐落于村落的后部（图3-51）。

（3）侨居建筑色彩空间分布规律

从图3-52开平乡村侨居建筑色彩空间分布图可知，侨居建筑色彩分布与建筑高度空间分布具有一致性，说明越是远离原村落的侨居在建筑色彩上同建筑高度一样越不受原村民居的影响限制。如图3-52所示，位于村落前部的侨居建筑色彩与传统民居相一致，均表现出青砖色彩材质；位于村落后部的侨居色彩则更加大胆自由，建筑外墙粉刷成柔和的米黄色，在立面构件、装饰图案、壁画上大量使用红色、绿色、黄色、蓝色等鲜艳色彩，整体色彩丰富多变，鲜艳明朗，气势高调而张扬。

3.2.2 开平乡村侨居平面特征

（1）平面形制特征

开平乡村侨居平面布局几乎全部保留了传统三间两廊样式，和广州三间两廊式侨居平面基本一致，其建筑平面保持了传统三间两廊的功能布局。

开平乡村庐居在平面和立面上均打破了传统封闭内向的民居形制，向开敞、自由、外向的趋势发展，根据平面演变程度，可将庐居平面分成两种类型，一种是与传统三间两廊平面形制基本相同：首层仍保留两侧开门，两廊空间仍作为厨房，中间为厅堂，后进两侧为房间，楼梯位于厅后部，二层及以上平面基本相同，天井被外廊、露台、平屋顶等取代，典型案例有马降龙

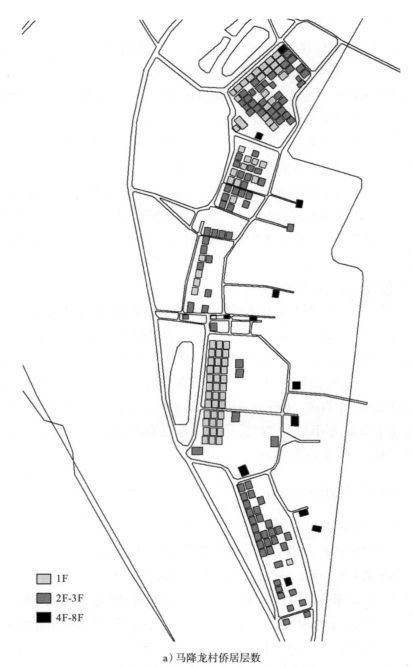

1F

2F-3F

4F-8F

a）马降龙村侨居层数

图 3-51　开平乡村侨居层数空间分布图

（图片来源：ArcGIS软件建立开平乡村侨居信息数据库导出图层）

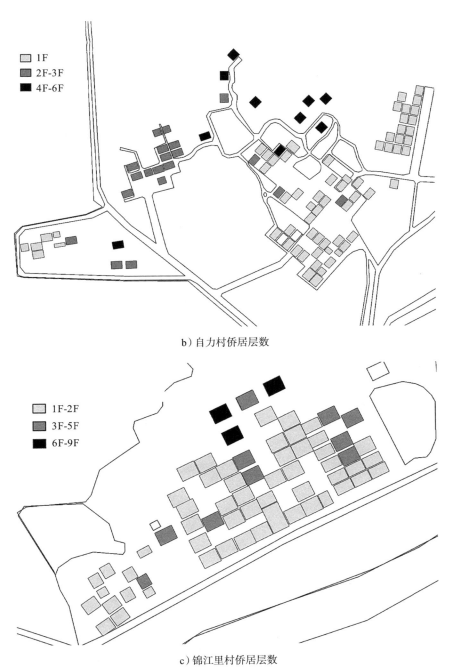

b）自力村侨居层数

c）锦江里村侨居层数

图3-51　开平乡村侨居层数空间分布图（续）

（图片来源：ArcGIS软件建立开平乡村侨居信息数据库导出图层）

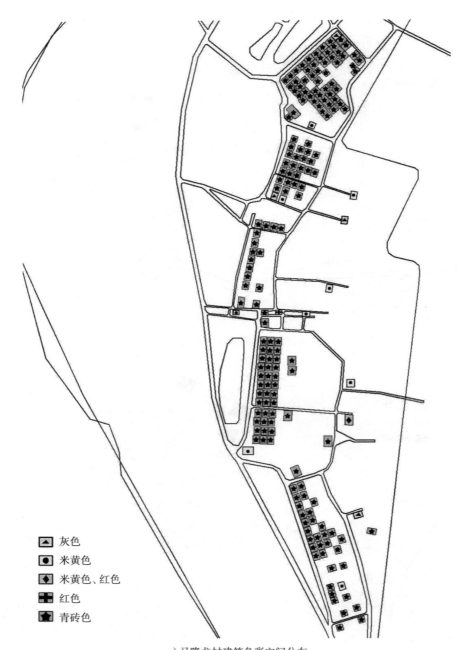

灰色

米黄色

米黄色、红色

红色

青砖色

a) 马降龙村建筑色彩空间分布

图 3-52　开平乡村侨居建筑色彩空间分布图

（图片来源：ArcGIS 软件建立开平乡村侨居信息数据库导出图层）

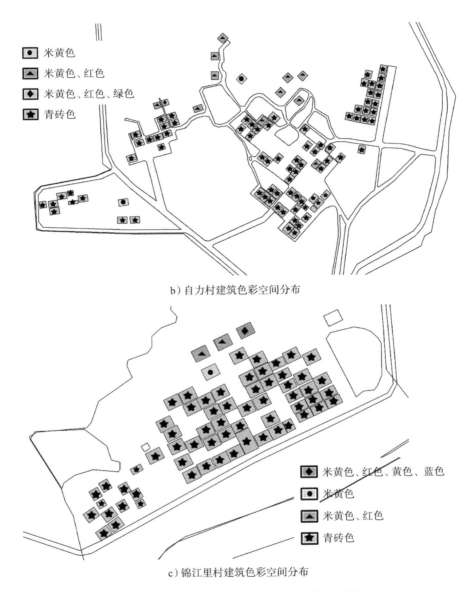

b) 自力村建筑色彩空间分布

c) 锦江里村建筑色彩空间分布

图 3-52　开平乡村侨居建筑色彩空间分布图（续）

（图片来源：ArcGIS 软件建立开平乡村侨居信息数据库导出图层）

村荫庐（图3-53）；另一种是在三间两廊布局基础上优化功能设置，提高生活
舒适度：建筑入口位于主立面正中，前部为开放性对外空间，入口面向厅堂，
厨房、卫生间、仆人房等后勤用房位于建筑后端，较为私密，少数在建筑后部

设置采光天井，二层及以上平面布局与首层一致，喜欢设置外廊、露台等，典型代表有赓华村泮立楼（图3-54）、泮文楼、晃庐、稳庐等。

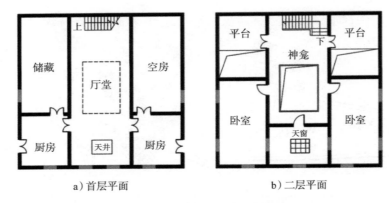

a）首层平面　　　　　　　　b）二层平面

图 3-53　马降龙村荫庐平面图

（图片来源：作者自绘）

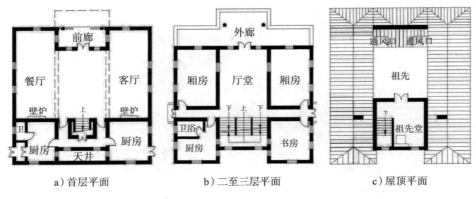

a）首层平面　　　　b）二至三层平面　　　　c）屋顶平面

图 3-54　赓华村泮立楼平面图

（图片来源：作者自绘）

开平乡村碉楼类型多样，根据使用功能可分为更楼、闸楼、众楼和居楼。更楼和闸楼的主要作用是为村落放哨，看守和防御外敌；户型尺度最小，平面基本为方形，只有一个开间，设楼梯，没有功能划分，典型案例有方氏更楼；众楼是村民合资建造的碉楼，主要用于集体防御，户型尺度中等，各层划分为多个房间，内廊布局，典型案例有天禄楼；居楼是集居住和防御于一体的居住型碉楼，户型尺度最大，在三间两廊的平面结架上划分客厅、厨房、卫生间、卧室等功能用房，其平面性质及开放程度与庐居相当，典型案例有铭石楼。

（2）开平乡村侨居空间发展模式

开平侨乡大多仍保持着"大家庭"的生活传统，由父辈与子辈多个小家庭共同居住，为适应逐渐增多的家庭人口，侨居修建在三间两廊的平面布局基础上，通过增加楼层和扩展竖向空间来扩大居住面积。每层可用于不同的独立小家庭居住，各层的功能空间兼备，平面格局基本保持一致，配备厅、房和独立厨卫，各小家庭生活具有一定的独立性和私密性，演变成"庐居"和"碉楼"，一栋楼房即可容纳一个大家族。如开平锦江里村瑞石楼，共九层高，第一层是堂屋，黄璧秀大夫人居住，第二至六层为主要使用空间，每层都配备设施齐全的厅房、卧室、卫生间、厨房和家具，为黄璧秀一家子孙三代居住。稍有经济富裕的华侨，国内妻室较多者，也修盖多层的庐居别墅，供其小家庭使用，如开平赓华村谢氏家族集资建造的立园，共修建了六座庐居，分别为谢氏两代小家庭居住。谢维立及其夫人居住的泮立楼，共三层半，根据当地习俗"单数夫人住双数楼层，双数夫人住单数楼层"，二楼作为楼主大夫人司徒顺娣及三夫人余瑶琼的起居室，三楼作为二太太谭玉英和四太太关英华的起居室。

3.2.3　开平乡村侨居立面特征

通过开平乡村地区侨乡村落的实地调研，结合前人的研究成果，查阅开平地方志、华侨史等相关资料，对开平近代乡村侨居立面形式进行整理。整体来看，其建筑立面可分为传统民居式、碉楼式、庐居式三种形式。

（1）开平传统民居式侨居立面特征

开平乡村传统民居式侨居的外观形制在三间两廊平面功能的基础上，发展出多种变体（图3-55）：建筑空间朝竖向扩展，对应三间两廊前廊后座的部位各增加楼层，有的单独在前廊或后座增加楼层，有的同时在前后座增加相同或不同楼层。屋顶采用坡屋顶、平屋顶或平坡结合式，原前座的露天天井变成房屋内部的采光井，建筑外观中西并举，立面形式自由多样，装饰风格呈现明显的西式特征。

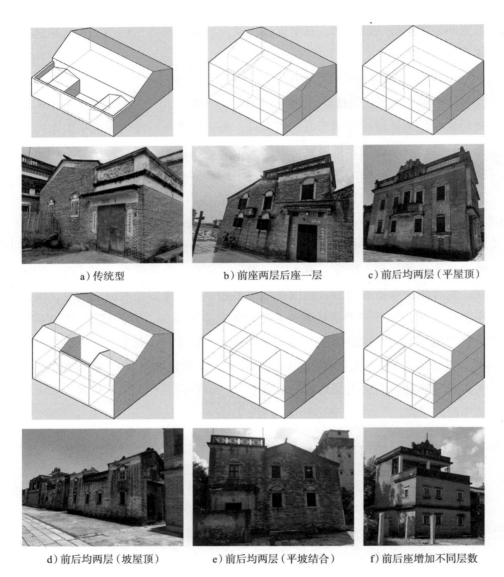

a）传统型　　　　　　　　b）前座两层后座一层　　　　　c）前后均两层（平屋顶）

d）前后均两层（坡屋顶）　　e）前后均两层（平坡结合）　　f）前后座增加不同层数

图3-55　开平传统民居式侨居形态演变

（图片来源：作者自绘、自摄）

（2）开平乡村碉楼立面特征

开平乡村侨居实现了从三合院向独立式住宅的演化，在三间两廊平面基础上，向上扩展空间形成"庐"和"碉楼"类型侨居建筑。开平碉楼立面讲究均衡对称，具有强烈的秩序感。碉楼大多层数较高，常见的有三到五层，个别有六到九层之高。根据开平碉楼立面特征可分为平台式、柱廊式、亭塔式、复合式四种形式，每种立面形式均有不同的组成方式。

① 平台式

平台式碉楼在外观上最明显的特征就是有供人活动的露天平台，整体造型相对简洁，可分为单边平台式和周边平台式。单边平台式是指在碉楼前有错层活动平台，后边有卧室或楼梯间；周边平台式是指屋顶无外凸建筑或在中间有功能房间，在地面上只能观测到建筑四周平顶女儿墙。平台式碉楼一般四周较为封闭，窗户小，外墙上常设有许多枪弹口，建筑层数一般在三层以上，采用钢筋混凝土或砖混材料增强建筑稳固性，一些平台式碉楼在屋顶四周设"燕子窝"以防外敌侵袭。在外观装饰上，延续地方传统民居或者采用西式风格，由墙身和屋顶构成，墙身上采用西式窗户和大门样式，有些饰以分层腰线，屋顶设山花女儿墙增加西式色彩（图3-56～图3-58）。

图 3-56　开平自力村龙胜楼　　图 3-57　开平自力村永庆楼　　图 3-58　开平锦江里村锦江楼
（图片来源：作者自摄）　　　　（图片来源：作者自摄）　　　　（图片来源：作者自摄）

② 柱廊式

柱廊式碉楼通常在顶层挑出开敞的步廊，其作用除了供防御巡视之外，还可给楼内居民提供消暑纳凉、观景休闲的空间。根据外廊的面数可将其分为单面柱廊式（图3-59）、双面柱廊式、三面柱廊式（图3-60）、四周环廊式（图3-61）。柱廊式碉楼在碉楼类型中数量最多，分布最广泛。柱廊式建筑（图3-62）整体由楼身、楼肩、楼顶三部分组成，楼顶包含女儿墙、山花、顶檐以及匾额、燕子窝等部分；楼肩即柱廊层，包括简单柱廊或拱券柱廊、花台（实板栏杆）、挑台檐等；楼身主要由窗户、大门、分层腰线以及承托挑台的托脚构成。建筑层数一般为三层及以上，保留其防御能力的同时又能增强居住的舒适性，还能使外观更显华丽、富于变化。挑出的外廊由牛腿结构支撑，一些碉楼在柱廊的两侧设置角堡，更增添了建筑的复杂性。在建筑装饰上通常着重粉饰柱廊层，其下楼层则更为简单朴素。建筑结构采用钢筋混凝土和砖混结构居多。

图 3-59　单面柱廊式	**图 3-60　三面柱廊式**	**图 3-61　四周环廊式**
（开平自力村叶生居庐）	（开平马降龙村莞庐）	（开平马降龙村保安楼）
（图片来源：作者自摄）	（图片来源：作者自摄）	（图片来源：作者自摄）

③ 亭塔式

亭塔式碉楼即在碉楼上部设有亭塔，有西式穹顶或中式攒尖顶等造型，下部为简洁墙面或平台式碉楼立面（图3-63、图3-64）。

④ 复合式

复合式碉楼融合平台式、柱廊式、亭塔式为一体，有单层混合和多层混合，如锦江里村瑞石楼，由柱廊式和亭塔式组成，楼肩加楼顶形如城堡，采用四周环廊式，两层柱廊，顶层为穹顶，三层面积逐级递收；装饰细致、色彩艳丽、技艺精巧（图3-65、图3-66）。

（3）开平乡村庐居立面特征

开平乡村庐居讲求舒适、坚固和美观兼具，形式更为丰富多样，设计手法娴熟。建筑层数一般为二到五层，平面功能改良传统三间两廊式民居，设置外廊阳台等使空间更加开放自由，同时注重采光通风，如窗户多且开窗面积

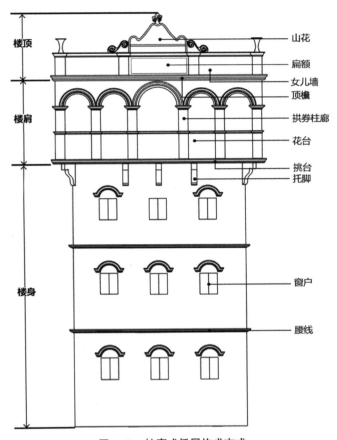

楼顶

山花

扁额

女儿墙

顶檐

楼肩

拱券柱廊

花台

挑台

托脚

楼身

窗户

腰线

图 3-62　柱廊式侨居构成方式

（图片来源：作者自绘）

图 3-63　开平自力村铭石楼

（图片来源：作者自摄）

图 3-64　开平马降龙村天禄楼

（图片来源：作者自摄）

图 3-65　开平锦江里瑞石楼　　　　　　　图 3-66　开平锦江里升峰楼

（图片来源：作者自摄）　　　　　　　　　　（图片来源：作者自摄）

大。外观造型丰富多样，通过设置露台，出挑阳台、窗户装饰、山花女儿墙、柱式的变化等手法丰富建筑层次感、立体感。庐居同时也有防御功能，如设角堡"燕子窝"、枪弹口等。庐居出现的时间相对较晚，大多在20世纪二三十年代，其立面构成在横向分为左中右三分构成：正中部分首层设置大门，二层以及上为窗户或设阳台，楼顶中间山花与大门、阳台相对应；左右部分主要为实墙面，虚实结合，立体感强。在竖向分为上中下三分构成：下为首层基座层，中为楼身层，上为楼顶。基座层以御敌为主，较为封闭，通常不做装饰，窗户样式简单，窗户数量少，开窗面积小，一般采用更为坚固的建造材料，如钢筋混凝土；楼身层注重装饰，色彩华丽，窗户样式复杂多变，常设有出挑阳台；楼顶为山花女儿墙，少数设有展望亭（图3-67）。

3.2.4　开平乡村侨居立面细部构件

　　开平乡村侨居立面构件分屋顶、"燕子窝"角堡、门窗、柱式及拱券、山花和女儿墙等，笔者试图通过对这些构件的单独论述，从丰富多样的样式风格中抓住几条立面形态演变的主线。

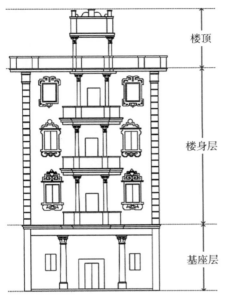

a）横向三分式立面构图

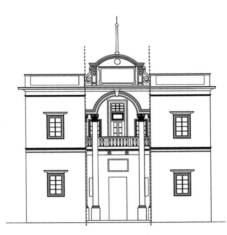

b）竖向三分式立面构图

图 3-67　别墅式侨居立面构成

（图片来源：作者自绘）

（1）屋顶

根据开平四个村侨居屋顶样式的统计结果，可知开平乡村侨居屋顶有传统坡屋顶、平屋顶、平坡结合屋顶、穹顶、攒尖顶、歇山顶六种样式（图3-68）。其中平屋顶样式数量最多，传统坡屋顶与穹顶、攒尖顶次之，平坡结合屋顶和歇山顶数量较少。

（2）"燕子窝"角堡

在实地调研中发现，开平四个村的侨居建筑中大多设置有"燕子窝"突出于建筑墙壁，其墙上设置射击口用于抵御外敌，圆形、方形、切角形几种"燕子窝"形状较为常见（图3-69）。除此之外，在开平其他乡村还存在许多样式的"燕子窝"，如三角形、六边形、八边形、扇形、菱形等形状，设置于建筑四角或正面两角、背面两角及四面正中位置（图3-70）。

a）传统坡屋顶

b）平屋顶

c）平坡结合屋顶

图 3-68　开平乡村侨居屋顶形式

（图片来源：作者自摄）

d）穹顶

e）攒尖顶

f）歇山顶

图 3-68 开平乡村侨居屋顶形式（续）

（图片来源：作者自摄）

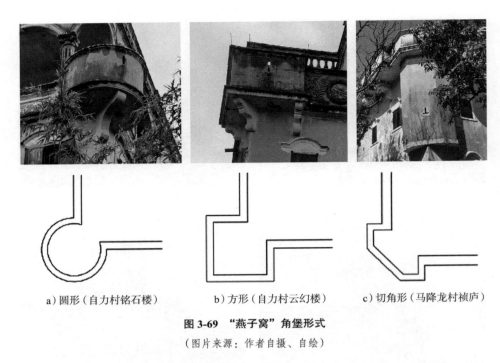

a）圆形（自力村铭石楼）　　　b）方形（自力村云幻楼）　　　c）切角形（马降龙村祯庐）

图 3-69　"燕子窝"角堡形式

（图片来源：作者自摄、自绘）

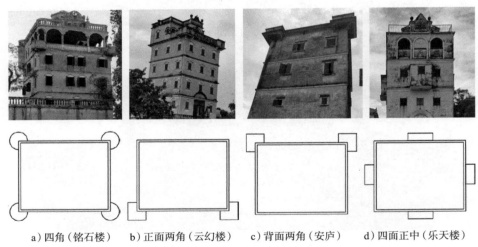

a）四角（铭石楼）　　b）正面两角（云幻楼）　　c）背面两角（安庐）　　d）四面正中（乐天楼）

图 3-70　"燕子窝"角堡分布位置

（图片来源：作者自摄、自绘）

（3）大门样式

根据开平四个村侨居屋顶样式的统计结果，开平乡村侨居大门样式可分为传统趟栊门式、门斗式、门楣式、门楣壁柱式、柱廊式、门斗柱廊式、门楣门斗式七种样式（图3-71）。

传统三间两廊民居常采用的大门样式，由三道门构成，第一道是屏风门，第二道是趟栊门，第三道是实木门，简单的则由趟栊门和实木门两道门组成。

a）传统趟栊门式

大门四周向里凹进40～60厘米，门洞有方形和拱形。

b）门斗式

图 3-71　开平乡村侨居大门样式

（图片来源：作者自摄）

大门与墙体平齐，只有上部出挑门楣装饰。

c）门楣式

大门与墙体平齐，两侧用壁柱装饰，上部有山花门楣。

d）门楣壁柱式

建筑首层退进1～2米，形成柱廊空间，大门居中。

e）柱廊式

图 3-71 开平乡村侨居大门样式（续）

（图片来源：作者自摄）

建筑大门位置内凹1～2米，两侧用柱子支撑门梁。

f）门斗柱廊式

大门四周向里凹进40～60厘米，门洞顶部设门楣，门口上部与门楣以下的部分常饰以壁画。

g）门楣门斗式

图3-71 开平乡村侨居大门样式（续）

（图片来源：作者自摄）

（4）窗户样式

开平乡村侨居的窗户根据其组成的复杂程度大致可以分成简单样式（直角方额）和复杂样式（直角方额）两大类型。

简单样式（直角方额）窗户由上檐、贴脸、窗扇、下檐（窗盘）和下檐壁几个部分组成（图3-72），其立面配置主要有4种组成样式（表3-2）。最简单的样式为在窗扇的左右两侧及上方设置贴脸，窗扇下由简单的下檐装饰或在上贴脸顶部设上檐，最完整的简单样式即包含了所有元素的样式。通过统计，简单样式窗户上檐的样式有一字形、三角形、半圆形、几字形；通常在上檐与贴脸之间的墙面以及下檐壁用灰塑装饰，图案各异。

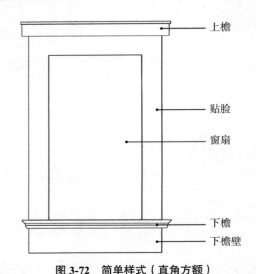

图 3-72　简单样式（直角方额）

（图片来源：作者自绘）

　　复杂样式（直角方额）窗户是在简单样式窗户的基础上，在其上檐上部增加山花，上檐下部设檐壁，用框边线脚或浮雕图案装饰，檐口下设托石可使檐口出挑加大；下檐口下部同样设置托石（也称牛脚）承托下檐壁（图3-73、表3-3）。窗口左右贴脸处增加副贴脸，增加窗户层次和立体感，图3-74为复杂样式窗户断面AB示意图。开平乡村侨居窗户样式见图3-75。

　　（5）柱式及拱券

　　外廊在开平乡村侨居中十分常见，其主要由栏板、柱子和拱券组成。外廊的栏板基本是实墙形式，少有栏杆式，通常实墙栏板上设有射击孔，外侧用几何、花草或传统吉祥图案装饰。柱子采用圆柱居多，少数采用方柱，无统一尺寸比例；柱式有的模仿西方多里克式、爱奥尼式、柯林斯式，有的在这些柱式的基础上简化演变成变体式、方线形式和多边式的独特柱式（图3-76）。

（表格来源：作者自制）

（表格来源：作者自制）

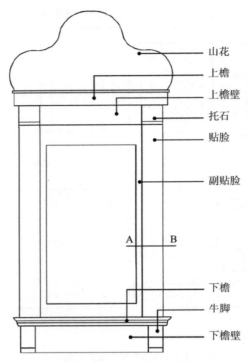

山花

上檐

上檐壁

托石

贴脸

副贴脸

A　B

下檐

牛脚

下檐壁

图 3-73　复杂样式（直角方额）

（图片来源：作者自绘）

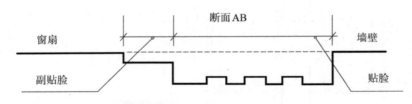

断面 AB

窗扇　　　　　　　　　　　　　　　墙壁

副贴脸　　　　　　　　　　　　　　　贴脸

图 3-74　复杂样式窗户断面 AB 示意图

（图片来源：作者自绘）

外廊中的拱券样式多变，有罗马圆拱式、哥特尖拱式、伊斯兰火焰券、三角尖券和简单平拱等样式，其拱券的组合有三种常见形式（图3-77）：一种是跨度、形式相同的连续拱券；一种是中间跨度大、两边跨度小且相同的对称型拱券，通常中间跨度采用平拱，两边采用圆拱居多；还有一种是跨度和形式均可不同，不同拱券间隔交替的连续拱券。

a）简单样式（直角方额）

b）简单样式（带檐口的直角方额）

c）复杂样式（带檐口的直角方额）

d）复杂样式（带山花的直角方额）

图3-75 开平乡村侨居窗户样式

（图片来源：作者自摄）

a）仿多里克式

b）仿爱奥尼式

c）仿柯林斯式

图 3-76　开平乡村侨居柱式类型

（图片来源：作者自摄）

d）变体式

e）方线形式

f）多边式

图 3-76 开平乡村侨居柱式类型（续）

（图片来源：作者自摄）

115

a）跨度、形式相同的连续拱券

b）对称型拱券

c）不同拱券间隔交替的连续拱券

图3-77 开平乡村侨居拱券样式

（图片来源：作者自摄）

（6）山花和女儿墙

山花和女儿墙是侨居楼顶部位的主要组成元素，是侨居立面的重点装饰部位。山花通常位于楼顶正中，结合楼名匾额进行设计；女儿墙是围绕楼顶四周的矮墙或者栏杆，起保护和装饰作用。根据开平乡村侨居的统计结果可知，山花和女儿墙的组合方式主要为嵌合型和叠合式两种（图3-78）。嵌合式是山花作为独立个体将女儿墙打断置于女儿墙中间，女儿墙略矮于山花，以突出山花的主导地位；叠合式是山花、女儿墙分别作为完整的个体上下叠合，山花放置在女儿墙正中间位置。

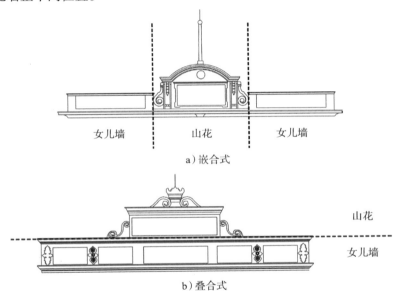

图3-78　开平乡村侨居山花和女儿墙组合方式

（图片来源：作者自绘）

① 山花

根据调研统计结果，可按造型特点将山花样式分为三角形、弧形、涡卷形、波浪形、组合式和其他样式六种类型（图3-79）。组合式山花又可分为矩形+涡卷形、波浪形+涡卷形、弧形+涡卷形、三角形+涡卷形几种类型（图3-80）。

在开平侨居山花样式中出现了"断山花"，是山花的衍生形式，即在山花的中间从基部或顶端断开，嵌入各种装饰小雕塑（图3-81~图3-83），这种手法常见于古希腊、古罗马以及新古典主义和文艺复兴时期。

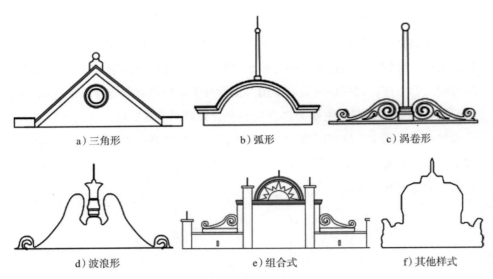

a) 三角形　　　　　　　b) 弧形　　　　　　　c) 涡卷形

d) 波浪形　　　　　　　e) 组合式　　　　　　f) 其他样式

图 3-79　开平乡村侨居山花样式

（图片来源：作者自绘）

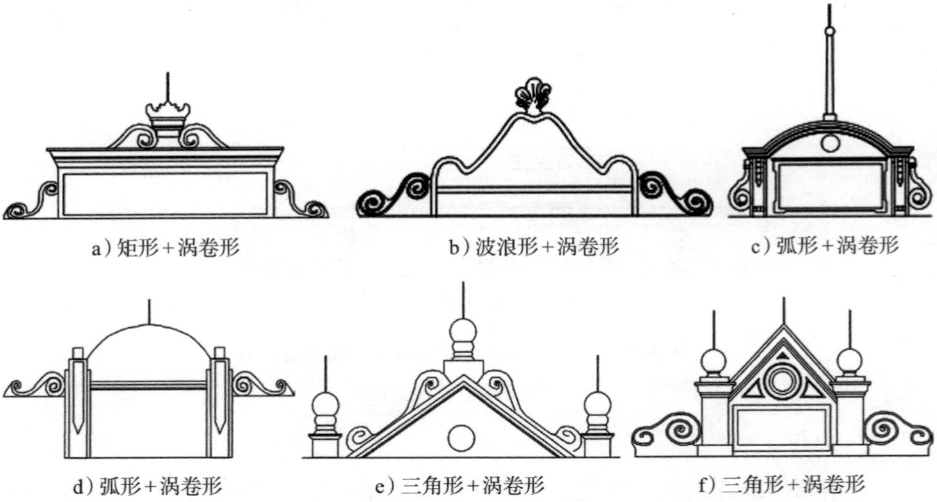

a) 矩形＋涡卷形　　　　b) 波浪形＋涡卷形　　　　c) 弧形＋涡卷形

d) 弧形＋涡卷形　　　　e) 三角形＋涡卷形　　　　f) 三角形＋涡卷形

图 3-80　山花组合样式图例

（图片来源：作者自绘）

图 3-81　铭石楼断山花

（图片来源：作者自摄）

图 3-82　竹林楼断山花

（图片来源：作者自摄）

图 3-83　云幻楼断山花

（图片来源：作者自摄）

② 女儿墙

根据材料类型及特征，可将开平侨居女儿墙分为铁栏式、宝瓶式、实墙式、花窗图案式及组合式五种类型（图3-84）。铁栏式使用铁作为女儿墙材料，有时会做一些花纹图案的铁栏，这种简单的样式出现的数量较少。宝瓶式女儿墙的运用较为广泛，宝瓶式栏杆在欧洲文艺复兴时期得到大规模推广使用，由中国近代最早的一批建筑师学习并引入，进行大批量生产运用，这种栏杆也逐

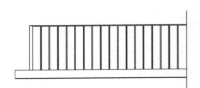

a）铁栏式

b）宝瓶式

c）实墙式

图3-84 开平乡村侨居女儿墙样式

（图片来源：作者自摄、自绘）

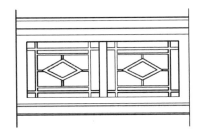

d）花窗图案式

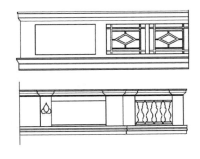

e）组合式

图 3-84 开平乡村侨居女儿墙样式（续）

（图片来源：作者自摄、自绘）

步盛行于许多乡村地区。实墙式女儿墙也十分常见，墙上通常会对称划分，用
框线矩形装饰，矩形内绘制浮雕图案。花窗图案式女儿墙通常采用工厂预制的
花窗图案栏杆，图案样式多，具有较强的造型能力。组合式女儿墙通常包括实
墙与宝瓶栏杆、实墙与花窗栏杆两种组合方式，实墙与栏杆虚实结合，可以获
得丰富的造型效果。

（7）建筑结构与材料

开平乡村侨居可根据不同的墙体材料分为石楼、土楼、砖楼、混凝土楼和
混合楼五种类型（图3-85）。石楼、土楼、砖楼多建于明清至民国时期，石楼、
土楼主要分布于山地丘陵地带，数量较少，砖楼分布较为广泛。开平传统三间
两廊式侨居墙体多采用青砖作为主材，以石灰、水泥砂浆作为黏结剂，砖墙的
抗震性、耐久性优于石楼、土楼。清末至民国时期，钢筋、水泥、混凝土技术
传入国内，混凝土楼在开平地区兴起，由于其墙体良好的承重能力、耐久性、
抗震性，多应用于高耸的碉楼建筑，混凝土有极强的可塑性，可实现建筑顶部

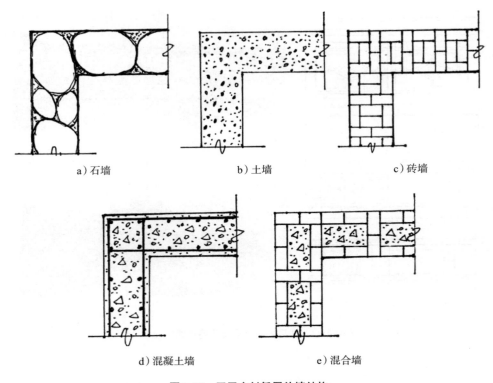

a) 石墙 b) 土墙 c) 砖墙

d) 混凝土墙 e) 混合墙

图 3-85 开平乡村侨居外墙结构

(图片来源：陈伟军. 开平碉楼结构特征研究 [J]. 华中建筑, 2018, 36 (11): 147-151.)

的出挑及各种西式风格的结构造型。但混凝土材料需要从香港进口，价格昂贵，一般家庭无法承受，于是发展出混合楼，其墙体材料是将混凝土和青砖混合使用，例如有的在墙体内外砌青砖，内部浇灌混凝土；有的在建筑底层采用混凝土墙，上部砌青砖；有的在建筑下部墙身砌青砖，楼肩上部风格造型结构采用混凝土材料等，由此可达到既经济又造型美观的需求。在本课题的研究数据当中，没有覆盖土楼和石楼，主要出现了砖楼、混凝土楼和混合楼，其中混凝土楼数量最多，占调研侨居总数的65%，主要为碉楼和庐居类型侨居；砖楼占30%，主要为传统三间两廊式侨居；混合楼占5%，数量最少。

3.3 本章小结

广州与开平近代侨乡村落与建筑已在上文进行了详细阐述和比较，归纳两地侨乡村落与建筑差异见表3-4。

广州与开平近代侨乡村落与建筑差异 表3-4

		广州侨乡	开平侨乡
村落差异			
	空间布局	"梳式"布局	"梳式"布局→"棋盘式"布局、自由散点式布局
	立面风貌	建筑风格、色彩样式仍主要延续传统村落民居风貌	建筑风格多元化发展
	侨居空间分布	以家族为核心的散点分布式	梳式、自由散落式、棋盘式
	侨居高度、色彩分布	侨居层数多数在三至四层，高度不一；建筑色彩朴素单一，与周边环境和谐统一，朴实无华	尊重原有的村落风貌、秩序，与原村落民居风格、体量差异较大、层数高、色彩丰富的侨居建筑通常置于村旁或村后，或在新侨乡聚落中统一规划管理，以维持村落风貌协调统一
	交通路网	建筑前后紧靠、纵向交通为主，横向交通不便	梳式布局的基础上，扩大建筑前后间距，纵横交通整齐划一，交通便捷
	街巷肌理	街巷建筑紧凑密集	建筑规整、排布规范、宅地均衡划一

续表

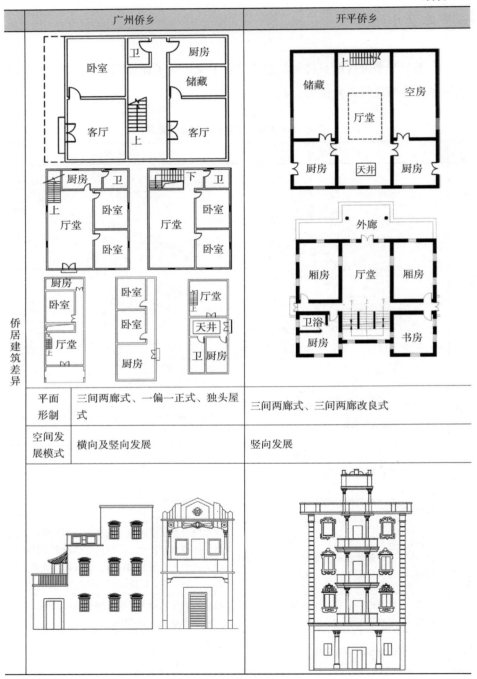

		广州侨乡	开平侨乡
侨居建筑差异	平面形制	三间两廊式、一偏一正式、独头屋式	三间两廊式、三间两廊改良式
	空间发展模式	横向及竖向发展	竖向发展

续表

广州侨乡	开平侨乡
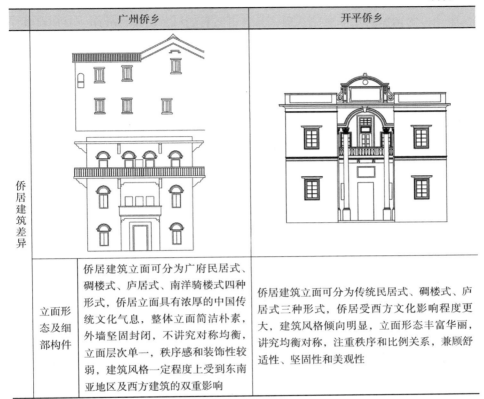	

| 侨居建筑差异 | 立面形态及细部构件 | 侨居建筑立面可分为广府民居式、碉楼式、庐居式、南洋骑楼式四种形式，侨居立面具有浓厚的中国传统文化气息，整体立面简洁朴素，外墙坚固封闭，不讲究对称均衡，立面层次单一，秩序感和装饰性较弱，建筑风格一定程度上受到东南亚地区及西方建筑的双重影响 | 侨居建筑立面可分为传统民居式、碉楼式、庐居式三种形式，侨居受西方文化影响程度更大，建筑风格倾向明显，立面形态丰富华丽，讲究均衡对称，注重秩序和比例关系，兼顾舒适性、坚固性和美观性 |

（表格来源：作者自制）

　　从侨居空间布局来看，在近代侨乡村落发展过程中，广州侨乡村落仍保留着广府传统村落的"梳式"布局，侨居在村落中呈散点分布形式，大多紧凑坐落于村落中部和后部，体现出宗族血缘的亲疏远近关系。由于村落格局及原有宅基地的制约，广州乡村侨居的发展受到一定程度的限制，在建筑风格、色彩样式上仍主要延续传统村落民居风貌。由于家庭人口的增加，侨居在建筑高度上有所扩展，一般高于传统民居，因而广州侨乡村落民居天际线高低起伏，秩序不一。开平乡村侨居分布除传统"梳式"布局外，在原村布局上向外扩展产生自由散布的侨居分布形式，并学习西方规划制度发展出"棋盘式"布局。前两种分布格局仍受到传统血缘宗族体系的牵制，而由华侨群体联合集资建设的"棋盘式"村落突破了传统村落结构，联合海外社会团体重新择地建设新村，形成新的华侨社群组织聚落。开平侨乡村落制度相较广州侨乡更为规范严谨，房屋建设需遵循村里的建屋章程，并尊重原有的村落风貌、秩序。与原村落民居风格、体量差异较大、层数高、色彩丰富的侨居建筑通常置于村旁或村后，或在新侨乡聚落中统一规划管理，以维持村落风貌的协调统一。

从平面形制来看，由于近代华侨家庭频繁分家析产及人多地少矛盾日趋紧张，广州乡村侨居逐渐向小规模化发展，在传统广府民居三间两廊平面形制上，发展出一偏一正式、独头屋式侨居形式，集合了粤中民居的所有平面类型。广州乡村侨居基地形状大多呈狭长矩形状，大小体量不一，早期体量较小，后期体量较大，而且多带副楼和独立庭院，平面空间朝横向及竖向扩展，增加居住功能或实现公共空间与私密空间划分、洁污区分。开平乡村侨居实现了从三合院向独立式住宅的演化，在三间两廊平面基础上，向上扩展空间形成"庐"和"碉楼"类型侨居建筑。这种遵循传统严谨的中轴对称布局的三合院形制以及从许多侨居内保留的祖宗牌位来看，明显受到宗族制度、中原礼制文化的影响，讲求主次分明、尊卑有序。随着开平乡村建设的发展，乡村侨居在平面上打破传统封闭内向的民居形制，在三间两廊空间格局上不断突破，空间朝竖向扩展，改变了传统的功能格局，引入外廊等新型开放空间，在空间开放性、居住舒适性和使用灵活性上不断强化，逐渐向现代民居格局演进。

从立面形态来看，广州近代乡村侨居建筑可分为广府民居式、碉楼式、庐居式、南洋骑楼式四种立面形式，侨居立面秩序较弱，不讲究对称，大多呈现出退台形式，层数常见的有三到五层，建筑风格上受到东南亚地区及西方建筑的双重影响。开平近代乡村侨居建筑可分为传统民居式、碉楼式、庐居式三种立面形式，传统民居式侨居的外观形制在三间两廊平面功能的基础上发展出多种变体，建筑空间朝竖向扩展，对应三间两廊前廊后座的部位各增加楼层。开平碉楼立面讲究均衡对称，具有强烈的秩序感。根据开平碉楼立面特征可分为平台式、柱廊式、亭塔式、复合式四种形式，每种立面形式均有不同的组成方式。开平乡村庐居讲求舒适、坚固和美观兼具，形式更为丰富多样。

从立面细部构件来看，广州与开平乡村侨居立面分为门窗、山花和女儿墙、柱式及拱券、"燕子窝"角堡、图案装饰等构件和元素。两地侨居立面构件在风格、外观造型及用材和建造技法上各有差异。广州乡村侨居立面构件多采用当地建材及建造方法，以广府民居建筑结合外来形式与元素，各构件外观相对简洁、朴素、统一；而开平乡村侨居立面构件多模仿西方样式并融合中国传统装饰元素，引进西方建材及建造技法，各构件样式繁多，构件间虽采用不同风格样式，但整体上仍协调统一。

　　从立面材料、图案及色彩来看，通过对两地侨居的调研发现，在立面材料上，广州乡村侨居采用青砖墙作为外皮的比例很高，立面装饰图案以山川风景、花鸟鱼虫等中国传统题材为主；在色彩上，广州乡村侨居立面采用的装饰图案色彩较为单一，基本为素白色。开平乡村侨居引进了外来材料和装饰技术，采用钢筋混凝土墙居多，并在装饰图案和手法上出现了一些变化，装饰题材在中国传统题材的基础上加入现代社会元素，出现象征西方社会文明的火车、飞机等景物，或者直接使用西方装饰元素如几何纹样、卷草纹饰、线脚等。此外，开平乡村侨居将中国灰雕装饰艺术的传统方法与外来材料混合使用，引进西方颜料、泥钉、水泥等非传统材料，又与水彩画、水粉画、油画等西洋技法混杂使用，在色彩上显得亮丽张扬。

第四章

侨居立面形态评价标准
构建及对比分析

4.1 单体侨居立面评价标准构建

本章的研究思路是通过对两地乡村侨居立面形态特征进行统计，分析两地乡村侨居立面情况，以揭示不同环境背景下侨居立面所反映的地域特征。在实地调研基础上，从建筑学微观角度建立侨居立面评价标准（图4-1），对侨居单体立面进行数据分析，通过两地样本对比探寻基于立面形态的侨居地域特征。

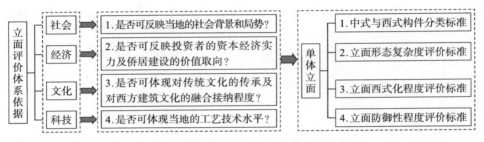

图 4-1 侨居立面形态评价标准结构示意图

（图片来源：作者自绘）

构建单体侨居立面评价体系的目的及作用一方面可使两地侨居立面特征分析更加客观具体，可量化两地侨居立面特征差异程度，另一方面利于判定两地侨居立面的价值趋势，为评价侨居立面保护价值提供参考。

侨居立面评价体系从社会、经济、文化、科技四个层面依据其是否可反映当地的社会背景和局势、是否可反映投资者的资本经济实力及侨居建设的价值取向、是否可体现对传统文化的传承及对西方建筑文化的融合接纳程度、是否可体现当地的工艺技术水平四个方面对侨居单体立面从微观角度提出四个立面评价标准，包括中式与西式构件分类标准、立面形态复杂度评价标准、立面西式化程度评价标准、立面防御性程度评价标准。

4.1.1 中式与西式构件分类

侨居建筑最明显的特征在于其融合了西方的建筑元素，反映出侨居建设与西方文化有着密切的联系。本节将侨居立面分为楼顶、楼身及柱廊三大部分，对这三大部分包含的屋顶、山花及女儿墙、门窗及柱廊等构件进行中式和西式的判定划分，通过定量的方式对侨居立面样式进行数量统计及比例计算，以此评价侨居建筑对传统建筑文化的传承及对西方建筑文化的融合接纳程度（表4-1）。

中西建筑构件分类标准　　　　　　　　表4-1

中式		
无女儿墙，采用坡屋顶	青砖平顶女儿墙	女儿墙配以中式灰塑雕饰

	西式		南洋式
	花瓶柱栏杆	女儿墙配以几何图案或西式装饰元素	青砖材料外来样式
护栏、女儿墙			
	南洋式	中西合璧式	
	女儿墙上开一个及以上圆形或其他形状洞口，或女儿墙墙体呈海浪弧形状	窗花铁艺栏杆	花瓶柱栏杆和中式灰硐女儿墙交替使用

续表

	中式		西式
山花	中式坡屋顶牌坊样式	马头墙配以中式传统灰塑图案样式	由三角形、弧形、半圆形墙体配以涡卷装饰或由复杂灰塑线条装饰组成的类三角形山花
	中西合璧式		**南洋式**
	中式楼名牌匾结合西式涡卷等元素	既有中国传统神龛造型又有西式涡卷装饰	西式山花带圆洞

	中式	西式	中西合璧式
窗户	窗户为矩形，窗楣无图案或采用中式窗花图案	实开窗户为矩形，窗户两边配以柱式或线条贴脸，顶端配以三角形、弧形等上檐山花，下部配以下檐或下檐壁等	青砖材料塑造外来形式、西式窗框造型配以中式窗楣或中式传统图案

续表

	中式	西式	中西合璧式
阳台	中式实墙护栏结合中式柱廊	栏杆栏板与拱券柱廊门洞相结合	中式图案实墙栏板结合拱券柱廊
大门样式	由门扇、门框、门楣、门槛石等组成的中国传统大门样式	简单门扇四周饰以西式券柱和山花浮雕，线条细腻	采用拱门造型或西式门框元素，饰以中式浮雕装饰
墙身	中式	西式	
	墙面装饰主要为中式图案	分层线脚纹理装饰墙面	墙面以线条纹理装饰
柱廊	中式	西式	中西合璧式
	柱体表面无装饰或只有线条装饰	欧洲古典柱式（多里克、爱奥尼、科林斯、混合柱式）	中式方柱结合西式线脚

（表格来源：作者自制）

4.1.2 立面形态复杂度评价标准

　　侨居立面的形态复杂度评分一方面在一定程度上可以反映投资者经济资本实力及侨居建设的价值取向，另一方面也间接反映了地区的经济发展水平，通过地域比较能够反映各地的文化价值取向及经济发展水平的差异。笔者对广州和开平乡村地区侨居进行实地调研后，根据西式元素的重点装饰部位及方式将两地出现的立面形态划分为20～90分的八个评分标准（表4-2）。

立面形态复杂度评价标准　　　　　　　　　　表4-2

分数等级	评价标准	参考标准	分数等级	评价标准	参考标准
20	只在门窗处有简单西式门楣、窗楣装饰传统坡屋顶立面		40	采用简单西式门窗，带女儿墙和山花或角堡	
30	采用简单西式门窗，平屋顶带女儿墙		50	采用较复杂西式门窗，带山花女儿墙，出挑平台	

续表

分数等级	评价标准	参考标准	分数等级	评价标准	参考标准
60	采用较复杂西式门窗，带山花女儿墙、墙身有线脚装饰或带凸出阳台		80	采用复杂西式门窗，带山花女儿墙、具有墙身线脚装饰，采用拱券式柱廊	
70	采用简单西式门窗，带山花女儿墙、带西式元素柱廊		90	采用复杂西式门窗，带山花女儿墙、采用拱券式柱廊；屋顶采用中国传统歇山顶、重檐顶、攒尖顶或穹隆顶等复杂屋顶样式	

（表格来源：作者自制）

4.1.3 立面西式化程度评价标准

侨居立面西式化程度评分是民间对于西方建筑文化的模仿、吸收融合及再创造能力的直接反映，也能够间接推断投资者的经济实力及设计建造者的工艺技术水平。本课题将以侨居立面的各组成构件作为评价因子分别进行西式化程度等级评分，再依据各评价因子在侨居立面构成里的权重比例计算得分，各构件西式化评分相加得出单体侨居建筑的立面西式化总分。计算公式如下：

D 单体立面西式化程度评分 =S（西式化等级比例 × 评价因子权重）× 100

通过笔者的实地调研，引入生物学的概念将各立面构件划分成四个西式化等级，分别为传统式、嫁接式、杂交式、克隆式，分别对应等级评分 0、30%、65%、100%。所谓传统式即无典型西方建筑元素的构件；嫁接式是指将某些典型西式建筑元素拼接于传统建筑立面构件中，但整体偏于传统样式的构件样式；杂交式是将某些典型西式建筑元素与中国传统建筑元素融合，产生一种新的建筑元素，整体西式和中式元素占比相当，在感官上偏于西式的构件样式；克隆式是指照搬西方建筑风格、风格正宗的建筑元素，或整体采用不同西式风格元素拼接形成的全外来风格样式的构件（表4-3）。

西式化建筑立面构件西式化等级评分标准   表4-3

一般西式化建筑立面构件	建筑特征	西式化等级评分
传统式	无典型西式建筑元素	0
嫁接式	将某些典型西式建筑元素拼接于传统建筑立面构件中，但整体偏于传统样式	30%
杂交式	将某些典型西式建筑元素与中国传统建筑元素融合，产生一种新的建筑元素，整体西式和中式元素占比相当，在感官上偏于西式	65%
克隆式	照搬西方建筑风格、风格正宗的建筑元素，或整体采用不同西式风格元素拼接形成的全外来风格样式	100%

（表格来源：作者自制）

表4-4是侨居立面各评价因子的西式化程度评价标准。

单体建筑立面西式化程度评价标准   表4-4

评价因子	传统式（0）	嫁接式（30%）	杂交式（65%）	克隆式（100%）
屋顶				

评价因子	传统式（0）	嫁接式（30%）	杂交式（65%）	克隆式（100%）
山花、女儿墙				
柱式及柱廊				
门				
窗				

（表格来源：作者自制）

为评价两地侨居立面评价因子西式化程度权重，根据两地发现的侨居立面样式可知，有的侨居立面具有较为明显的西方建筑风格特征，有的则不具备任何一种西方建筑风格特征，由于不同西方建筑风格的立面构件在其风格塑造中的重要程度大不相同，因此本课题拟定了两个立面评价因子权重标准，前者依据西方建筑风格样式立面评价因子权重（表4-5），后者参考一般侨居立面评价因子权重（表4-6）。

西方建筑风格样式立面评价因子权重　　　　　　　表4-5

类别	标准样式图	评分因子	权重
古罗马式		穹隆屋顶	0.5
		柱式及柱廊	0.3
		三角形山花	0.1
		拱形门	0.1
哥特式		尖塔屋顶	0.2
		竖向尖顶柱廊	0.5
		尖券拱门	0.2
		玫瑰窗	0.1
文艺复兴式		拱顶带采光亭屋顶	0.5
		大檐口女儿墙	0.3
		古典柱式	0.2
		拱形门窗	0.1
古典主义式		穹隆顶	0.1
		柱式及柱廊	0.5
		山花及女儿墙	0.2
		门窗	0.2

续表

类别	标准样式图	评分因子	权重
巴洛克式		曲面流动的山花及女儿墙	0.5
		古典柱式及柱廊	0.3
		凯旋门式入口大门	0.1
		复杂装饰窗	0.1
折中主义式		穹隆顶、攒尖、歇山屋顶	0.3
		柱式及柱廊	0.3
		山花及女儿墙	0.2
		门窗	0.2

（表格来源：作者自制）

一般侨居立面评价因子权重　　　　　表4-6

评价因子	特征阐述	权重
西式大门	西方建筑的门窗与建筑的关系在结构方面是统一的，西方建筑的门窗窗框外形一般为半圆形或尖券形，主要起承重作用。西方建筑门窗具有外露性和体量感，建筑的精雕细琢主要在门窗上体现出来（防御、结构、装饰作用）	0.1
西式窗户		0.2
柱子与柱式	柱式是一种建筑结构的样式，柱式艺术是欧洲建筑艺术中非常重要的组成部分，不同时期的柱式艺术装饰风格展示了西方古典建筑中不同时代的审美情趣及其历史文化内涵，从古埃及到文艺复兴时期逐渐发展形成了以严谨、规范的柱式为主要特色的建筑形式（结构、装饰作用）	0.3
西式屋顶	通过屋顶样式可以清晰判断建筑风格，纵观西方建筑屋顶样式，其表现大致可以分为古希腊平屋顶、哥特式尖顶、穹隆顶、折中主义式（结构、装饰作用）	0.2
西式山花	西式山花是指在西方古典建筑中，檐部上面的三角形山墙，它是立面构图的重点部位（装饰作用）	0.2

（表格来源：作者自制）

4.1.4 立面防御性程度评价标准

抗日战争时期，广州和开平乡村地区均受到日军的侵害，此外开平地区还受到当地土匪的骚扰，因而建造民居时均加强其防御性能，使得广州和开平乡村侨居大多成为防御与居住共同体。这些防御特性的直接表达形式按照类型可分为门窗、高耸封闭的外墙、射击孔、"燕子窝"角堡及挑台构件。

（1）大门

建筑防守最为薄弱的环节是大门，大门通常是敌人突入的首要对象，是防御的重中之重。开平乡村侨居大门大多由厚钢板和铁质栏栅或木制趟栊门组成（图4-2）。采用铁质门框或者花岗岩石板门框，门轴为圆铁柱，厚钢板铆接在框架上，楼内外均用明锁和暗锁相结合以加强防御。

（2）窗户

外墙上的窗户是敌方的重点集火对象，也是防御中的薄弱节点，碉楼类型的侨居其窗洞通常小于一般民居，从下至上侨居窗户尺寸由小变大，底层窗户由于贴近敌方，窗户数量少且洞口较小，位置也较高，窗户形式简洁无凹凸，以防敌人攀爬；到了上层居住空间，窗户数量增多，洞口加大，以增强采光性能。广州地区的侨居有些习惯于将顶层窗户设置得较小，从制高点向下观测和进攻敌方。开平地区的窗户一般有向外平推的铁扇窗（图4-3），中间一层铁栏栅和内部为玻璃窗扇三层，有些铁栏栅可从内部打开，用于应急逃生。

（3）高耸封闭的外墙

广州和开平乡村地区碉楼大多采用高耸、居高临下的防守模式。从材料来看，侨居外墙有钢筋混凝土墙（图4-4）、石墙、砖墙、夯土墙四类，其中钢筋混凝土墙稳固性最强，开平地区广泛采用；夯土墙最弱，使用的数量很少。此外还有混合材料外墙，如首层为钢筋混凝土墙，二层以上为砖墙；或者在墙体砌筑上，有外部为砖墙、中间浇灌钢筋混凝土等做法。抗日战争时期，日军入侵广州和开平地区，不少侨居受到日军的炮火轰击，钢筋混凝土墙几乎没有被穿透，而青砖墙均受到一定的损害但不伤及墙体结构，可见两地侨居墙体防御能力还是很强的。

（4）射击孔

广州和开平两地大部分碉楼侨居均在外墙上开射击孔，形状有矩形、T形、倒T形、十字形、方形、圆形等，一般洞口外小内大；从所处的方位来看，有的射击孔位于建筑墙体上端女儿墙部位（图4-5），有较宽的射击视

图4-2　铁质大门

（图片来源：作者自摄）

图4-3　侨居窗户

（图片来源：作者自摄）

图4-4　钢筋混凝土外墙

（图片来源：作者自摄）

图4-5　射击孔位于墙体上端女儿墙

（图片来源：作者自摄）

角，能够居高临下射击远处和临近的敌人；有的位于建筑墙体中层，隐蔽性更强（图4-6）；有的位于建筑墙体底端窗户一侧，贴近敌人，可近距离攻击防守（图4-7）。

图 4-6　射击孔位于墙体中层　　　　　　图 4-7　射击孔位于墙体底端

（图片来源：作者自摄）　　　　　　　　（图片来源：作者自摄）

（5）"燕子窝"角堡及挑台构件

为了进一步加强侨居的防御能力，有些侨居在顶部设置角堡或侧堡，或在顶部出挑平台，扩大射击范围。角堡也称为"燕子窝"，是在墙上和底面均开有射击孔（图4-8），以消除射击死角。顶部出挑的平台在突出墙面的底面也设置射击孔，以加强防御（图4-9）。

立面防御等级评价可间接反映当地社会背景和局势及侨居建设的价值取向，通过地域比较反映两地社会文化差异。经笔者对两地的侨居调研，根据两地出现的侨居立面防御形态类型数量及强弱归纳出强、中、弱三个防御等级。

"强"的防御等级包含防守和进攻两种功能，以坚固门窗、高耸封闭外墙为防守，设置射击孔和角堡、挑台以进攻；"中"的防御等级有较强的防守能力，一般由高耸封闭外墙、坚固的防御性门窗组成，具有少量的进攻构件；"弱"的防御等级主要以防守为主，加强门窗及外墙的防御能力，不设进攻构件（表4-7、图4-10）。

图 4-8 "燕子窝"及射击孔

（图片来源：作者自摄）

图 4-9 挑台及射击孔

（图片来源：作者自摄）

立面防御等级评价标准 表 4-7

防御等级	强	中	弱
特征	包含防守和进攻两种功能，以坚固门窗、高耸封闭外墙为防守，设置射击孔和角堡、挑台以进攻	有较强的防守能力，一般由高耸封闭外墙、坚固的防御性门窗组成，具有少量的进攻构件	主要以防守为主，加强门窗及外墙的防御能力，不设进攻构件

（表格来源：作者自制）

a）防御等级：强

b）防御等级：中

c）防御等级：弱

图 4-10　防御等级参考标准

（图片来源：作者自摄）

4.2 基于立面评价标准的广州与开平侨居立面差异对比分析

4.2.1 中西式构件比例差异

在调研的两地侨居当中，从四类立面构件的构成比例来看（图4-11），地区差异明显，广州近代乡村侨居以中式构件比例最高，具有相对浓厚的中国传统文化气息；而开平近代乡村侨居以西式构件比例最高，并高于广州地区，反映出开平侨居受外来文化影响的程度比广州深；侨居中西结合式构件比例上，广州比开平地区相对高些，显示出侨居发展过程中中国传统文化与外来文化融合程度广州地区比开平地区高；此外，广州乡村地区南洋式构件比例在四类构件当中最低，但也占据一定规模数量，而在开平地区南洋式构件的运用案例极少，说明广州乡村地区侨居受到南洋建筑文化的影响比开平乡村侨居更加明显。

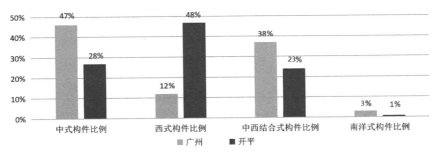

图 4-11　广州和开平两地乡村侨居中西式构件比例

（图表来源：作者自绘）

4.2.2 侨居立面复杂度差异

根据立面复杂度评价标准对两地侨居立面进行评分（图4-12、图4-13），可知两地侨居立面复杂度存在较大差异。广州乡村侨居立面复杂度主要集中在30分和40分，表明广州乡村侨居立面大多由简单的西式门窗、平屋顶、简单山花和女儿墙构成，整体立面简洁朴素，细部装饰大多以简洁的西式元素配合中国传统民居使用的图案组合，讲求实用性，更具亲切感。而开平乡村侨居立面复杂度评分主要集中在50分和70分，表明开平侨居立面多数采用较复杂多

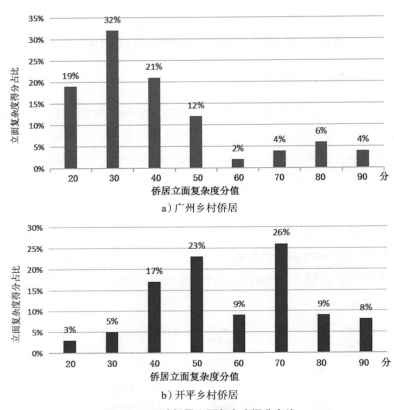

a）广州乡村侨居

b）开平乡村侨居

图 4-12　两地侨居立面复杂度评分占比

（资料来源：作者自绘）

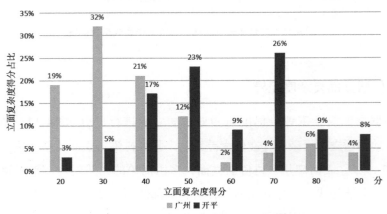

图 4-13　侨居立面复杂度评分比较

（图标来源：作者自绘）

样的西式门窗，使用西式山花、女儿墙，墙身喜好用线脚装饰，喜用柱廊或出挑阳台等，立面层次丰富、立体感强，注重外观装饰，细部精致华丽，这也体现出开平地区华侨们财力之雄厚及人们生活之富足。

4.2.3 侨居立面西式化程度差异

从两地乡村侨居立面西式化程度来看，呈现出明显差异。首先对广州和开平两地侨居立面进行风格判定，发现广州乡村侨居立面均没有明显的西方建筑风格倾向，而开平侨居立面风格类型较为多样，有文艺复兴式、巴洛克式、古典主义式、哥特式和折中主义式等，其中文艺复兴式侨居数量最多，采用严谨的立面和平面构图，运用古典建筑的柱式系统，讲究规则、对称、秩序和比例；巴洛克式侨居在装饰线条上细腻复杂，常在阳台、山花、门窗位置进行凹凸曲线变化，突显活力与动感，其以活跃、灵动、炫耀的姿态广受华侨喜爱，在开平地区也被广泛运用；折中主义式侨居立面将不同历史时期的建筑风格构件融为一体，有的采用古罗马穹隆顶结合巴洛克式山花，有的采用中式屋顶结合古罗马柱式，这种立面构件的杂糅运用在开平乡村地区也较为常见；古罗马式、哥特式和古典主义侨居在开平地区相对比较少见。

如图4-14所示，我们将得分划分为四个分数段：0～30分、30～50分、50～70分、70～100分，其中50分作为划分整体中西风格的临界值，50分以下（含50分）表示侨居立面以中式风格为主，50分以上表示侨居立面以西式

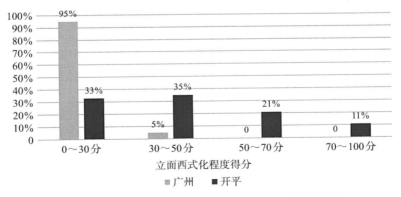

图4-14　广州和开平乡村侨居立面西式化程度得分比例

（图表来源：作者自绘）

风格为主，50分临界值前后又分别划分两个分数段。通过西式化程度得分统计结果可知，广州乡村侨居立面西式化程度得分均在50分以下，基本集中在0～30分分数段内，说明广州乡村侨居立面整体上为中式风格，立面构件样式主要以传统样式为主，嫁接少量西式构件元素，并利用当地材料和技术自主发挥创新出具有当地独特风格的构件样式；开平乡村侨居立面西式化程度得分在50分以内占68%，50分以上占32%，50分以内0～30分、30～50分分数段比例相当，50分以上50～70分分数段比70～100分分数段高些，说明开平乡村侨居立面整体上同样主要为中式传统风格，但在立面构件样式上主要表现为以融合少量中式装饰图案和元素的西式风格为主，同时整体上表现为西式风格的侨居立面也占据着相当大的比例。开平乡村侨居在立面构件样式上更加偏向模仿和参考西式构件标准，在材料及建造技术上也极力接近西方风格，在70～100分高分段，风格样式极其接近标准西方建筑的侨居立面也不在少数。

4.2.4 侨居立面防御性程度差异

通过图4-15可知，广州乡村侨居的防御等级以"中"为主（占44%），而等级为"强"的侨居数量占比较少，整体特征表现为以防守能力为主；相反，开平乡村地区防御等级为"强"的侨居占主要数量，"中"等级数量较少，整体表现为注重防守和进攻能力的双重特性，可见开平地区乡村侨居比广州地区乡村侨居的防御能力更强。

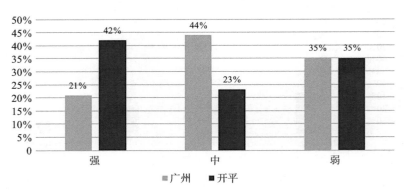

图4-15　广州和开平乡村侨居防御等级占比

（图表来源：作者自绘）

4.3 本章小结

对于一个地区的侨居立面评价不可完全依赖人的感知，也不可完全依靠定量分析而忽略人的主观感受，本课题以定性、定量相结合的方式构建侨居立面评价标准，使研究和评价更具科学性和系统性。通过对广州和开平两地乡村侨居立面形态定性、定量化的评分显示，在立面构件中中西式比例、立面复杂度、立面西式化程度、立面防御性方面，两地呈现明显的地域层级差异，通过评价标准统计结果可分析出两地侨居立面地域差异（表4-8）。

两地乡村侨居立面地域差异　　　　　　　　　　　表4-8

	广州乡村侨居	开平乡村侨居
立面风格	大多数的广州乡村侨居具有浓厚中华传统文化气息	对西方建筑风格体系具有较为完整的引进，出现了罗马式、哥特式、文艺复兴式、古典主义、巴洛克式等西方建筑风格
立面组成	主要由简单的西式门窗、平屋顶、简单山花和女儿墙构成，墙身无线条划分和装饰	采用复杂多样的西式门窗，使用西式山花、女儿墙，墙身喜好用线脚装饰，喜用柱廊或凹凸阳台等
立面构成	整体立面简洁朴素，立面形态上不寻求严谨的秩序和比例，讲求实用性、灵活性，装饰性较弱	整体立面构成相对繁杂，立面层次丰富、立体感强，讲求规则、对称，外观装饰性极强
细部构件	以传统中式风格为主，配合简洁的西式构件形态和元素	立面构件以西式风格为主，极力模仿西方构件样式和建筑标准，融合少量的中式图案元素
防御性能	大多只具备防守功能，较少攻守能力兼备	极力加强防守和进攻能力，具有攻防双重性能

（表格来源：作者自制）

从整体上看，大多数的广州乡村侨居没有明显的风格可言，说明广州乡村地区对西方建筑风格了解不多，仅限于对广州城区花园洋房和骑楼建筑造型手法的模仿和使用，在社会上的影响不大。广州乡村侨居具有浓厚的中国传统文化气息，主要由简单的西式门窗、平屋顶、简单山花和女儿墙构成，墙身无线条划分和装饰；立面构成上整体立面简洁朴素，细部构件主要以传统中式风格为主，配合简洁的西式构件形态和元素；在防御功能上大多只具备防守功能，较少攻守能力兼备。

　　开平乡村侨居对西方建筑风格体系具有较为完整的引进，出现了罗马式、哥特式、文艺复兴式、古典主义、巴洛克式等西方建筑风格；立面传统文化气息相对薄弱，采用复杂多样的西式门窗，使用西式山花、女儿墙，墙身喜好用线脚装饰，喜用柱廊或凹凸阳台等；整体立面构成相对繁杂，立面层次丰富、立体感强，讲求规则、对称，外观装饰性极强，同时引进西方材料和建造技术，极力模仿西方构件样式和建筑标准，融合少量的中式图案元素。但其具体表现形式也有着本土的特点，本土建筑师及建造工匠根据个人认识进行主观再造，建筑风格并不纯粹，同一个细部构件在不同建筑中的做法也不相同；在防御性能上根据开平地区的客观环境因素，极力加强防守和进攻能力，因而具有攻防双重性能。

第五章

两地侨乡聚落格局与侨居立面形态差异性演化成因

在华侨因素影响下的广府地区各侨乡聚落发展演进程度是不平衡的，广州和开平侨乡呈现出丰富多样的文化表现，两地侨乡聚落格局与立面形态差异性演化成因可以从政治环境、物态文化、制度文化、精神文化四个层面来把握。

5.1 政治环境层面

受国际国内社会环境的影响，广州和开平两地侨乡民居各自经历了不同的发展进程。

如图5-1所示，鸦片战争爆发后，英法联军侵略广州，占领广州后设立英法总局治理广州，清政府没有实权。19世纪末20世纪初，孙中山等人曾以广州为基地，多次举行武装起义，为推翻帝制、创建民主共和国进行了不懈的斗争。在广州先后发起的四次起义均以失败告终，每次起义失败后均有一批人出逃海外。1931年抗日战争爆发，1938年日军攻占沙河，占领广州市区，广州受到日军长期侵略和骚扰，广州市区和郊区的居民有许多逃难到国外。在这段动荡的时期，广州人民的损失惨重，许多爱国华侨汇资救国救民，扶助革命战争。华侨为保护国内亲人安全，出资修建坚固的碉楼，许多广州乡村碉楼在革命和抗日战争中起着极其重要的作用。在中华人民共和国成立之后，归国华侨、

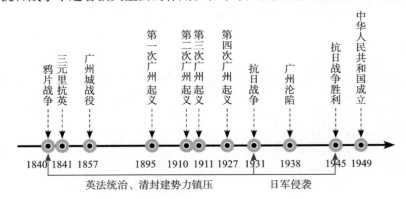

图5-1 广州历史事件时间线

（图片来源：作者自绘）

侨眷因特殊原因而移居国外，如今许多广州乡村碉楼被废弃。可见近代以来，广州社会一直处于动荡局势，其乡村侨居建设起步较早，但发展速度较为缓慢。

如图5-2所示，民国初期，开平乡村地区居民长期受到土匪的霸凌和骚扰。民国四年（1915），开平县内几个重要土匪头目被桂军派沈鸿英招抚为统领、营长驻守开平、台山、新会等一带，县内治安稍微好转。民国七年（1918），第一次世界大战结束，西方国家经济复苏，海外华侨纷纷回国置地建屋，农村大兴土木建起许多小洋楼。建筑业的兴旺带动水路交通和工商业的发展，人民生活条件改善。民国九年（1920），孙中山自沪回粤，被招抚的土匪头目被迫回到土塘重操旧业，社会治安恶化，此时期乡村居民纷纷盖起碉楼以驱敌自保。民国十九年（1930年），政府对土匪进行清缴，经过几年努力，终于将土匪歼灭，社会安定下来，由于侨资汇入，建筑业、水路交通和电讯等快速发展，全县形成一个陆路交通网。民国二十七年（1938），广州被日军侵占，广州、佛山及珠三角工商业者纷纷撤往开平，许多在广州居住的开平人也回乡居住。民国二十九年（1940），日军封锁开平至香港、澳门的水道，侨汇被阻断，国内侨眷生活困难，日军的侵犯使开平损失惨重。抗日战争胜利后至1949年中华人民共和国成立，开平社会局势又安定下来，经济恢复发展。整体而言，开平侨乡民居起步较晚，但发展迅速。在19世纪末20世纪初这段时期，随政治环境局势波动，开平侨乡民居经历过两次较为稳定、快速的发展时期。

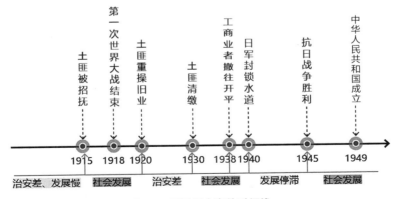

图5-2 开平历史事件时间线

（图片来源：作者自绘）

5.2 物态文化层面

5.2.1 侨汇经济差异

　　从华侨文化的影响力看，虽然广州和开平两地的侨居发展均有华侨的作用在推动，但推动力的大小存在差异，华侨对侨乡发展的作用主要体现在两个方面，即新思想的传播及侨汇输入。侨汇输入是近代广东侨乡建设发展的首要和根本动因，探索广州、开平侨乡民居发展特征必然离不开侨汇因素的比较分析。近代侨汇主要流向侨乡村落，主要用于赡养家眷、投资事业和慈善公益三个方面，其中赡养家眷侨汇占主要份额，用于家庭建设和房屋建设等。根据图5-3可知，近代以来华侨投资总共分为发展、全盛、低潮三个阶段，1919—1927年为华侨投资发展阶段，主要投资江门、汕头侨乡；1927—1937年为华侨投资全盛阶段，主要投资华侨故乡江门与汕头地区，在广州市区也有一定的投资；1937年抗日战争全面爆发至1949年新中国成立期间，受战争影响华侨投资总额减少，为投资的低潮阶段，主要投资江门、汕头侨乡。由此可知，近代以来华侨长期投资主要是江门、汕头地区，对广州的投资总额较少。

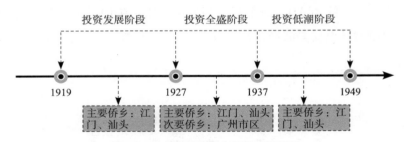

图 5-3　华侨投资阶段与投资地域特征

（图片来源：作者自绘）

　　据统计，五邑华侨主要集中在美洲，占五邑侨乡海外移民总数的72%，在海外华侨华人社区当中，五邑华侨无论人口数量还是政治、经济实力均位居前列。华侨的经济实力对侨乡民居建设发展具有正相关作用，开平华侨侨汇对于开平侨乡民居发展建设的推动力在岭南地区当属最大。《开平乡土志·实业》叙述道："以北美一洲而论，每年汇归本国者实一千万美金有奇，可当我有两千万有奇，而本邑实占八分之一。"

开平位于珠三角内陆，丘陵多，土地贫瘠，人民生活贫困拮据，鸦片战争爆发以后，清政府颓败，接连的天灾和国内动荡的局势导致大量开平人出洋谋生。19世纪50～70年代，美国、加拿大、新西兰、澳大利亚发现金矿的消息在国内传开，再加上太平洋铁路的修建需要招募大量的华工，大批华人背井离乡远渡重洋前往国外淘金。早期出去的开平人过着十分艰苦的生活，他们通过自己的不懈努力，终于在美国、加拿大等地站稳了脚跟。许多开平华侨从一开始做杂工，通过几年的辛苦努力积攒了一定的积蓄，开始经营小生意并逐步做大做强，后来成为有名的富商。华侨通过侨汇或回乡建设，或捐献投资公益事业，带回先进的生产技术、建造材料和工艺，推动家乡建设发展。先富的华侨带动原村居民或自己宗族的亲人出洋发展，有些村几乎全村人都移居他国，因此开平出现了许多"华侨村"，如"加拿大村""墨西哥村""缅甸村"等。据悉，开平侨居的楼主有多半是在侨居国或国内经营产业，经济实力雄厚。开平立园由旅美谢氏兄弟所建，立园主人谢维立的父亲谢圣泮很早便在美国经营"至各堂"药材铺和"环球货品"商行，并在中国香港设立"佑和办庄"，经营出口贸易、货币兑换等。谢维立从小赴美读书，成年后继承家业从商，1926年带着家人回乡兴建立园。自力村铭石楼楼主方润文早年在美国谋生，经营过餐馆，后以"其昌隆"杂货铺发家，成为本地首富，后回家乡兴建了铭石楼。通常一个村先富带动后富，叶生居庐的楼主方广宽开始是为方润文打工的，后来发了财回乡建楼，规模仅次于铭石楼，据说叶生居庐因为建楼时将金子塞在墙体内的缘故曾被雷劈了两次，可见其经济财力之雄厚。

广州华侨在侨居国的社会地位及经济实力相比开平华侨较为弱势，因此投入广州乡村侨乡民居建设的侨汇总额相对较少。广州位于珠江三角洲三江合流处，沿河区域土地肥沃，物产丰富，商贸繁盛，经济较为发达，但广州偏远的乡村地区如花都（当时称花县）、增城地区位于群岭之南，多山多洼地，洪灾、旱灾不断，鸦片战争之后，政局动荡，常为战祸所波及，导致农村自然经济解体，破产农民增多。由于美国等地"淘金热"需要招募大量华工，成千上万的广州乡村农民应招出洋打工，这些农民或以"卖猪仔"的方式、或是作为契约华工、或是以家庭移民的方式离开家乡。他们当中大部分流落到南洋，在马来西亚、越南、新加坡等地谋生，一部分前往美洲当劳工，修筑铁路。有少部分的广州华侨后来在国外赚到了钱，但大多数华人有的做苦工，有的开小食店、小作坊，社会地位低下，过着十分艰难的日子。他们将辛苦积攒的钱寄给家乡的亲人，用于资助家人生活和修建房屋，但总体来说，广州"赡养家眷"的侨汇总额与开平侨汇存在较大差距。

5.2.2 基础建设差异：水陆交通条件

（1）近代广州交通发展情况

华侨在广州投资交通业最早是内河航运业。民国初期有旅美和南洋华侨筹资设立轮船公司，如侨轮公司、粤航公司、四邑轮船公司等，往返于广州至海口、香港、梧州等地（表5-1）。1919年第一次世界大战结束后，欧美列强又重新入驻中国，使得国内许多轮船公司赔钱倒闭。抗战胜利后，华侨又来广州投资内河航运业，内河交通才发展起来。

近代华侨在广州的主要水路运输投资　　　　　　　表5-1

创办时间	企业名称	航线	主要投资者	侨居国（地区）
1910	侨轮公司	广州至海口	区昭仁	南洋
1913	粤航公司	广州至香港、广州至梧州	以陈少白为首的粤商、华侨与港商	南洋
1914	四邑轮船公司	先往返于江门与香港，后改航广州至香港	四邑旅美华侨与港商	美洲
1946	鸿兴船业公司	广州至三坪	余毓祯等	美洲
1946	大华安海	广州至三坪	陈文优	美洲、菲律宾

（表格来源：作者自制）

华侨在广州交通业的投资以交通工具为主。民国初期，广州陆地的交通还很不发达，华侨集资从香港购置旧汽车改装成的出租汽车是当时广州市内唯一的交通工具。民国七年（1918），广州市政公所成立，城墙拆除，大修马路，政府招商承办行驶车，海外华侨踊跃投资，市内公共汽车业发展起来，交通条件改善，至民国十六年（1927）后，广州市内马路四通八达。日军侵占广州之后，广州的公共汽车业遭受日军掠夺和摧残。抗战胜利之后，市内公共汽车的交通权和货物运输权掌握在官僚手中，人们的出行一定程度上受到限制。总体而言，民国时期广州的交通业在市区内的发展较明显，广州郊区的交通发展仍然十分落后。由于政治因素的影响以及投资发展的局限性，广州乡村地区想要获取钢筋、水泥等进口建筑材料建设碉楼的难度较大，因此广州碉楼多采用当地容易获取的青砖、木材等作为主要的建筑材料。

（2）近代开平交通发展情况

近代华侨投资国内交通业主要涉及水路运输、公路运输、铁路运输。华侨投资交通业的范围主要集中在广州、江门、汕头三个地区，其中由于潮汕铁路、汕樟铁路和新宁铁路的修建，江门和汕头的投资比重最大。

华侨在开平的水路投资主要有由四邑旅美华侨和港商投资的四邑轮船公司，开始往返于江门与香港，后改广州至香港。江门地区最主要且经济的内河航道是连接南海的潭江，其自西向东从恩平流经开平、台山和新会，再流出至南海。水路交通在江门近代早期公路和铁路发展之前，对于国内外往来、商业贸易及货物运输起着巨大的作用。例如开平立园碉楼的进口建筑材料均通过潭江水道运送至与潭江相连的人工挖掘的立园水道。

江门位于珠三角地区，虽水网密布，但没有形成完善的水网系统，无法满足远离水系地区的运输需求，水路运输的发展受到限制，因此开平华侨和商业巨头开始转向投资公路运输和铁路运输。开平的公路投资涉及公路设施建设以及交通工具的投资，公路的投资主体有华侨、当地乡绅、公路沿线居民，主要投资的公路有1924年建成的白赤茅公路、驼驮公路、沙水公路、东龙公路、沙圭白公路、楼沙公路、侨沙公路等，公路的建设大大改善了城乡交通，促进了乡村地区的建设发展。

在江门由陈宜禧主持修建的新宁铁路于1906年动工，1909年通车，全长133千米，从斗山经台城、公益至北街，以及台城至白沙的支线，在三条侨办铁路中规模最大，影响范围最广，新宁铁路的建设对于江门社会发展起着不可忽视的作用。铁路建成之后许多建筑材料如水泥、钢材、玻璃、进口家具设施等均通过铁路运送到江门各地，许多开平碉楼就是在新宁铁路运营期间兴建。据开平碉楼文化办公室2001年调查结果统计，目前开平保存混凝土楼就有1474座，占据碉楼的绝大部分。

（3）总结

综上，广州与开平乡村侨乡交通业投资发展不平衡，广州侨汇用于交通业的投资主要针对城镇市区水路、公路及交通工具的投资，乡村地区交通极为不便，一定程度上阻碍了侨乡民居的建设发展。而开平华侨大力投资交通业，贯穿城乡地区，建设水路、公路及铁路设施并投资交通工具，交通业的发展促进了开平乡村侨乡聚落组团的形成与发展。因此，两地乡村交通便利程度影响到了侨乡民居的规模和数量的发展。广州与开平近代交通业投资情况如表5-2所示。

广州与开平近代交通业投资情况　　　　　　　　　表5-2

地区	交通业投资	近代早期	交通覆盖地区	民国时期	交通覆盖地区
广州	投资以交通工具为主	投资水路运输为主	涉及城市与乡村地区	投资水路运输、公路运输	主要涉及城市地区
开平	投资公路设施建设以及交通工具	投资水路运输为主	涉及城市与乡村地区	投资水路运输、公路运输以及铁路运输	覆盖城市与乡村地区

（表格来源：作者自制）

5.3 制度文化层面

5.3.1 宗族制度

侨乡民居建设发展模式与宗族制度及基于宗族关系的华侨投资活动密切相关。宗族是源于一个祖先的人按照父系血缘关系和一定社会规范形成的社会组织，通常表现为一个姓氏的人们构成的居住聚落。聚族而居的村落在广府地区十分普遍，开平乡村侨乡主要为"单姓同宗族"或"同姓杂居"聚落，而广州侨乡聚落多数为"多姓多宗族"杂居。传统的"单姓同宗族"聚落通常仅居住一个宗族的成员，随社会结构变迁，单姓宗族聚落开始出现同姓氏的多宗族聚居模式和无宗族关系的同姓氏家庭集体聚居模式，这种村落结构的变化主要受到华侨投资建设活动的影响。近代广府侨乡民居建设主要采用"个人或家庭为单位"的独资建设模式或通过联合集资，以合股经营模式进行民居投资建设（表5-3）。对于身处异地谋生的海外侨胞，基于宗亲关系的乡土社会网络是他们海外社会关系的基础，也是他们进行同乡、同业经营活动的社会资本。

广州与开平侨乡聚落特点　　　　　　　　　　　　　　　　表 5-3

侨乡村落	聚居特点	投资建设模式	村落布局	侨居分布
广州	多姓多宗族杂居	个人或家庭为单位进行投资	梳式布局	自由散点式
开平	单姓同宗族或同姓杂居	个人独资或联合投资、合股经营	梳式布局	梳式、棋盘式及自由散点式

（表格来源：作者自制）

　　广州和开平等地华侨主导建设了具有宗族色彩的股份制单姓村落。广州地区建设的股份制村落主要集中在东山片区，现今的广州乡村地区侨居主要是以"个人或家庭为单位"独资建设的，在传统梳式布局村落中呈自由散点式分布状态。开平乡村地区为个人独资或联合集资、合股经营两种投资模式并存，侨乡村落民居呈梳式、棋盘式及自由散布式三种分布形态。集资建设的股份制村落的宗族基础薄弱，居民间无血缘关系，仅以同姓模拟亲属关系，宗族关系的等级性、严密性及统一性丧失。因此为加强凝集力和归属感，建立稳定的社群关系，村落均提前规划并制定建村章程，如开平马降龙村存有清宣统年间的建村章程和宅基地规划图纸；开平塘口镇赓华村、蚬岗镇锦江里村也制定了村落规划和章程制度（图 5-4、图 5-5）。这种股份制村落体现出民主和平等思想，

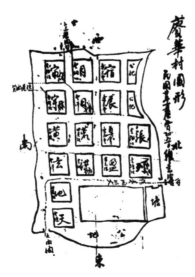

图 5-4　开平赓华村规划图

（图片来源：立园博物馆）

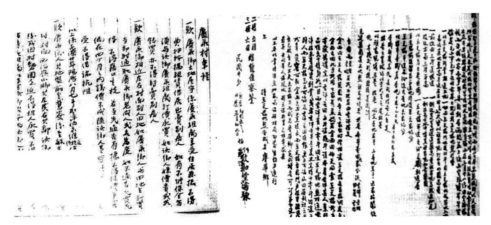

图 5-5　开平赓华村建村章程

（图片来源：立园博物馆）

均等划分宅基地，通过股份认购，统一开发管理。如开平赓华村建村章程显示，村落划分为16个大小均等地块并进行编号，建村参股人通过抓阄分配土地。然而赓华村的建设受日军侵略的摧残而终止，现今的赓华村格局未体现出建村之初的完整规划格局。

5.3.2　家庭结构

　　广府民系传统家庭结构大多为直系家庭、联合家庭和主干家庭，经济支配权掌握在家长手中，广府三间两廊式房屋在进行产权分割时，中间厅堂一般作为公产，其他房间作为私产分割，当兄弟成年结婚之后，厅堂左右的两房两廊各归一方，分设炉灶，标志着家庭经济的独立。对于华侨家庭，家庭成员长期分居两地或两地异处，各兄弟有的留守家园发展，有的出洋务工或从商，其经济实力、社会地位、生活方式产生差距，兄弟间同居共财较难实现，"大家庭"结构逐渐瓦解，产生出经济独立的小规模核心家庭，成为主要的华侨家庭结构形式，核心家庭的居住空间界限随华侨家庭频繁的分家析产分化清晰，逐渐强化居住独立性和私密性。家庭规模小型化的趋势在广州乡村侨乡尤为明显，广州乡村侨居可见许多的独头屋、明字屋等狭长形的小规模民居，一方面受家庭结构变化的影响，另一方面随广州乡村城镇化发展，外来人口逐渐增多，人口密集导致居住用地紧张，小规模民居更适应紧张的用地条件，同时也能满足小家庭的使用需求。开平侨乡家庭大部分仍试图延续、维护或创设一个大家庭、大家族，并将其作为光耀门楣的重要象征；一些开平华侨也在向小规模核心家庭发展，但乡村居住用地宽裕，即使小家庭也多采用三间两廊式平面形制，家庭人口少则楼层低，成员多则加建楼层。

5.4 精神文化层面

5.4.1 侨乡人文精神差异

广州自古是一座多元文化共存的城市，是岭南政治、经济、文化中心。自汉朝开始，由于地理优势及海上交通的发展，广州成为对外交流的重要门户，较早接受外来文化的影响。20世纪二三十年代，面对日益普遍的西洋风格建筑及折中主义潮流的盛行，国民政府发动了"中国固有式"传统建筑复兴运动，以批判盲目追随西方建筑潮流的现象，在当时的社会环境下，无论广州市区还是乡村住宅的建设均不允许过度洋化，一定程度上限制了西方建筑文化在广州的传播。因此基于广州丰富深厚的文化底蕴，即使在西方殖民列强的强势入侵下，广州群众对待外来文化始终保持理性谨慎、循序渐进的态度，秉持"以我为主、兼收并蓄、融合发展"的理念，广州乡村侨居建筑主要体现出中国传统文化，在丰富多元的文化环境下形成了独特的广州侨居文化景观。

开平地区发展较广州晚，主要依靠华侨的投资建设发展起来。由于华侨的影响，基督教在开平得到广泛传播，从而使西方建筑艺术以知识传播和实物参考的方式直接影响侨居风格的建设。面对外来文化突如其来的猛烈攻势，开平群众抱着向往、崇拜的心理大力引进西方技术和文化，大规模模仿西方建筑样式，成为开平华侨展示身份地位和炫耀经济实力的方式。

受落叶归根的传统思想影响以及在国外艰苦务工经商遭受到的各种歧视，催化了海外华侨的思乡情绪。归国的华侨与开平的村民相比显得相当富有，许多华侨都梦想挣钱回到家乡，因为华侨在家乡的社会身份与地位大大提升，受人敬仰羡慕。归国的华侨为了与其"新绅士"的身份匹配，通常购田起屋，建造精美华丽的住宅以炫耀乡里。因此开平乡村出现了大量防御与艺术审美价值兼备，以颇具象征性的高耸形态配合精美的西洋风格装饰、相互"争奇斗艳"

的碉楼。开平最气派的碉楼当属蚬冈镇锦江里的瑞石楼（图5-6），共九层高，占地92平方米，钢筋混凝土结构，由楼主侄子黄滋南设计。楼主黄壁秀在香港经营钱庄和药材生意，致富后回乡建造此楼，在建造该楼时黄壁秀与其父亲黄贻桂发生争执，黄父原意只想修建3层，然而黄壁秀要修建开平最高的楼，最终建了九层，立面上大量采用西洋装饰构件结合中国福禄寿喜的灰塑图案，成为当时最华丽高耸的"开平第一楼"。周边的碉楼建造纷纷模仿瑞石楼，但都因为建筑规模、资金问题、工匠水平等原因而稍显逊色。

图 5-6　开平锦江里村瑞石楼

（图片来源：作者自摄）

开平华侨们除了将资金带回家乡，也将西方的先进思想及科技产品带回国内。西方的家用电器及生活设施如电话、浴缸（图5-7）、马桶（图5-8）、自来水系统（图5-9）、西洋煤油灯（图5-10）在开平乡村盛行；创办新式学校，开办工厂、报社；西装西裤、中山装、学生装、纱笼裙、胸衫等服饰成为开平主流时尚；饮食上推出西式餐点、咖啡、牛奶、巧克力等；交通上有摩托车、汽车、火车，甚至修建了飞机场，开平社会弥漫着崇洋媚外的风气，在建筑上极力模仿各种西洋装饰，门楣壁画和室内彩画装饰中均描绘着外国风景（图5-11）、建筑、交通工具等，成为"衣食住行无一不资外洋"的真实写照。

图 5-7　浴缸

（图片来源：作者自摄）

图 5-8　抽水马桶

（来源：作者自摄）

图 5-9　抽水机

（来源：作者自摄）

图 5-10　西洋煤油灯

（来源：作者自摄）

图 5-11　开平碉楼室内"外国风景"彩画

（图片来源：立园博物馆）

5.4.2 侨乡建造传统差异

近代广州乡村侨居的营建活动处于规范、严整的社会文化体制内，以风水师、建筑工匠为营建主体，采用程式化的营造模式建造，因而在侨乡村落中大量民居形式趋同、个性不足，稍有资金富足的华侨根据自己的阅历经验与喜好，通过装饰装修形式局部呈现出个性与差异。广州濒临南海，毗邻香港、澳门，是一座较早接受外来文化的城市，在建筑装饰装修上大量采用外来风格元素的风气主要在广州城市地区兴起，而后传入乡村地区。鸦片战争爆发后，欧式骑楼传入广州，并与广州传统的飘檐式建筑结合，形成独具广州特色的中西合璧式骑楼。早期广州骑楼建筑的设计建造者通常都不是专业建筑师，而是由普通工匠和屋主自行设计。在立面造型上，山花和女儿墙、窗户是骑楼建筑重点装饰的部位，山花是立面上一种三角形山墙的花饰，有些设计成弧形、半圆形和直线形，并加入西方柱式或在上面雕刻各种各样的图案。由于广州华侨多数侨居南洋，在马来西亚、新加坡等国家谋生，回乡后将南洋建筑文化带了回来，例如在南洋式的骑楼女儿墙上开多个圆形或其他形状的洞口，用以减少沿海台风对建筑的冲击；有些女儿墙的形状还设计成海浪般的弧形，这种做法在花都碉楼外观上也有出现，说明民国时期广州市区的这些骑楼建筑风格也影响到了广州乡村地区民居建筑。关于广州乡村地区碉楼设计，大部分为当地工匠根据经验主导建造，在花都洛场村碉楼鹰扬堂照壁的两侧分别写着"江林记造""江河平作"，这两人是当时广州有名的建筑工匠。极少部分碉楼聘请了专业设计师进行设计，例如广州花都洛场村的飞机楼就聘请了广东省最好的设计师主持工程，陈济堂及当时的广东省教育厅厅长还为楼的落成题名。广州乡村地区碉楼样式风格主要参考当时流行于市区内的骑楼建筑的装饰做法，盛行"拿来主义"，将南洋和欧美的建筑元素融合，并有机结合当地的建筑材料和装饰工艺，形成具有广州特色的中西合璧式侨居风格。

随着近代侨乡经济秩序的转变，开平乡村侨居营建方式也发生了变化。建筑成为消费性"商品"，投资者及使用者成为建筑生产活动的主导者，不再对建筑形式被动接受，而是对建筑形式生产拥有了话语权和决定权，建筑承包商和设计师成为服务性角色，根据华侨业主的个性需求制定建筑方案。建筑也不再只有居住属性，而是成为华侨展示社会地位、经济实力、炫耀乡里的工具。

根据张国雄先生的开平田野调查，开平乡村侨居的设计方式可以分为三种：第一种是聘请国外建筑师进行设计，第二种是聘请内地建筑师设计（图5-12、图5-13），这两种方式设计的碉楼在外观造型上建筑元素风格比较统一，具有较为明显的风格倾向，各建筑元素样式比较符合西式规范标准，专业性强，建筑质量较高，对乡村洋式碉楼的设计起着示范作用。如锦江里村升峰楼的设计图纸由楼主、旅美华侨黄峰秀从广州带回，由法国建筑师设计（图5-14）。升峰楼高七层，外观造型精巧秀丽，比例匀称，结构复杂，建筑上部采用西方城堡式造型，采用巨柱组合的罗马混合柱式，罗马风格和伊斯兰风格交替拱券，屋顶采用穹顶式，整个造型范式非常接近西式建筑做法。马降龙村的林庐和骏庐是楼主邀请祯记公司吴波设计建造的，在林庐内还发现了设计图纸。开平当地的建筑师胡持宣曾在香港研习建筑，接受过科班训练，使他从乡村泥水工匠变成了有名的建筑师，像胡持宣这样的建筑师在开平大有人在。开平百合镇雁平楼的设计就是委托本乡工程承包商黄益蘭先生并聘请开平著名建筑师进行设计的。

第三种是由泥水匠根据楼主的意向及自身的工程经验进行设计建造。开平有一大批乡村建筑工匠，主要通过师傅带徒弟的传统成为工匠，他们的行业大多是子承父业、世代相传。由于建造经验丰富，见识广，善于建造洋楼风格建筑，并且设计费用比聘请著名设计师要低，在开平乡村地区很受欢迎。他们将西式风格与当地的建造工艺融会贯通，打造出独具地方特色的中西合璧建筑样式。余彬礼（1899—1967年）是民国时期开平赤坎一带的高水平泥水师傅，14岁跟随舅父在香港建筑工地学习建筑手艺，18岁回乡参与建筑行业，独立承建碉楼，其所建碉楼做工精致，风格别致。他在西式风格构件建造方面经验丰富，擅长建穹隆顶、罗马式拱廊、伊斯兰式叶形拱廊以及各种混凝土构件，深得业主们赞赏，被誉为"泥水享"，在开平一带久负盛名。开平乡村侨居建筑风格的形成也与华侨业主的参与密不可分。开平立园建筑群的设计，在建设之前，谢圣泮的大儿子谢维立嘱咐其国内兄弟："其款式形模仿效美国制"，"屋职制度高地、长短，任从个人自定"。也就是说，谢氏首先确定了建筑样式基

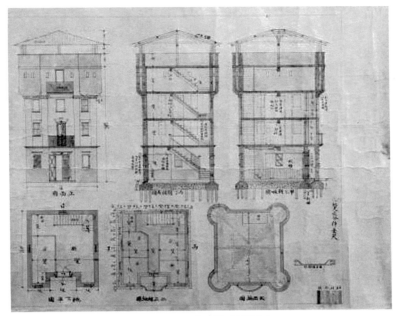

图 5-12　手绘碉楼设计图纸

（图片来源：立园博物馆）

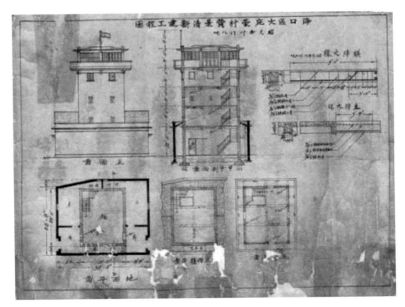

图 5-13　海口大批豪宅设计图

（图片来源：立园博物馆）

图 5-14　锦江里升峰楼立面图（左）和升峰楼旧照（右）

（图片来源：https://www.sohu.com/a/257136131_99991576）

调采用美国洋式风格，再根据各屋主的意愿进行发挥，最终建成的建筑形态高低错落，形态各异，有庐式、碉楼式、中式、西方别墅式，各绽光彩。在立园博物馆我们还看到许多开平华侨寄回家乡的印有西方建筑的明信片（图5-15）、外国建筑画报等，给当地建筑工匠提供了样式设计指导，可见开平碉楼建筑风格的形成与楼主的参与密不可分。广州与开平两地近代侨乡建造传统差异见表5-4。

5.4.3 侨居地建筑文化差异

（1）出洋移居情况

　　郭焕宇教授根据从事行业将华侨移民分为从事苦力贸易的"华工"、从事贸易经营活动的"华商"、从事农业劳作的"华农"及其他自由职业团体"华

图 5-15　侨眷拥有的外国建筑明信片

（图片来源：立园博物馆）

自"等类型。表5-5说明了广州与开平各类型移民侨居海外的状况。在12~16
世纪下半叶，广东地区以"华商"华侨为主体，移居东南亚国家及贸易中心
地区；16世纪至鸦片战争之前，英国、法国、西班牙侵占并殖民东南亚国家，
在广州设招工所招工开发殖民地，以"华工""华农"为主体，少数"华商"华
侨迁入东南亚、东北亚地区国家；鸦片战争至新中国成立的近代时期，由于

广州与开平近代侨乡建造传统差异　　　　　　　　　　　　表5-4

地区	侨居设计者	营建方式	建筑生产主导者	侨居特点
广州	泥水匠及屋主设计、少数建筑公司设计	以风水师、建筑工匠为营建主体、传统程式化营建	建造工匠	建筑形式稳定统一，大量民居形式趋同、个性不足，屋主的喜好个性通过局部装饰装修来表达
开平	国外建筑师、内地建筑师、受过专业训练的泥水匠	建筑承包商和设计师成为服务性角色，根据华侨业主的个性化要求而量身定做各种方案	投资者和使用者	各建筑元素样式比较符合西式规范、专业性强、建筑质量高，具有明显的风格倾向

（表格来源：作者自制）

广州与开平各类型移民侨居海外状况　　　　　　　　　　表5-5

		12~16世纪下半叶	16世纪~鸦片战争之前	鸦片战争~新中国成立	新中国成立至今
广州	主要移居国	东南亚国家、贸易中心地区	东南亚、东北亚地区国家	东南亚国家为主：新加坡、马来西亚、印度尼西亚、泰国等	从东南亚国家向西欧、北美国家转移
开平	主要移居国	东南亚国家、贸易中心地区	东南亚、东北亚地区国家	美洲国家为主：美国、加拿大等	移居西欧、北美、南美地区国家
历史事件		1685年在广州黄埔设海关，成为唯一贸易商埠	英国、法国、西班牙在广州设招工所招华工出洋开发殖民地	外国金矿开发、铁路建设、加州农业发展	东南亚国家排斥华裔引发华裔再移民浪潮
主要人群		华商	华商、华工、华农	华工	华商、华农、华工、华自
移民动因		贸易经商	贸易经商、出洋做工	出洋做工	贸易经商、留学定居、出国团聚继产

（表格来源：作者自绘）

国外金矿开发、铁路建设、加州农业发展等急需大量劳动力，广东各地区华侨移居轨迹产生差异，广州"华工"华侨主要迁往东南亚地区如新加坡、马来西亚、印度尼西亚、泰国等国家，开平地区华侨主要移居美洲地区如美国、加拿大等国家；新中国成立后，国际形势更加自由开放，各种华侨团体以贸易经商、留学定居、出国团聚继产等原因大量移居海外，移居国家或地区具有更多选择性，覆盖面更广，如今几乎世界各国均有海外侨胞。

（2）海外侨居地建筑文化

18世纪中期至19世纪末在欧美国家流行起建筑复古思潮，提倡古典复兴、浪漫主义及折中主义（表5-6）。采用严谨的古希腊、古罗马形制的建筑称为古典复兴建筑，其在各国的发展情况有所差异，法国主要以古罗马样式为主，而英国、德国以古希腊样式较多。古典复兴建筑学习古典时期建筑做法，以古典柱式作为构图基础，注重构图、尺度与比例，突出轴线，讲究对称，强调主从关系，整体上建筑造型端庄宏伟，完整统一，但比起古典时期建筑立面则更加简洁质朴，典型案例有美国国会大厦，参考了巴黎万神庙罗马式的建筑语言；奥地利国家议会建筑中部立柱以上部分学习了古希腊建筑样式。19世纪初，浪漫主义建筑思潮又称为"哥特复兴"，提倡自然主义，主张发扬个性，反对僵化的古典主义，摒弃哥特时期繁冗复杂的立面样式，转向简洁纯净的设计手法，运用新的材料和技术，在立面和内部装饰装修上通过体积、比例和轮廓的细节表达，传达出一种哥特式风格艺术魅力。折中主义风格建筑即任意模仿历史上各种建筑风格，将各种建筑形式、元素自由组合，不讲求固定法式，注重比例均衡，讲究形式美。侨居在西方国家的华侨对身边的建筑风格耳濡目染，适应了外国的生活方式，并将西方的建筑文化带回国内，对侨乡民居的建设活动产生了很大影响。由于开平华侨主要侨居欧美国家，

古典复兴、浪漫主义、折中主义在欧美的流行时间　　　　表5-6

国家	古典复兴	浪漫主义	折中主义
法国	1760—1830	1830—1860	1820—1900
英国	1760—1850	1760—1870	1830—1920
美国	1780—1880	1830—1880	1850—1920

开平乡村侨居建筑风格受到欧美建筑文化影响，呈现出较为明显的风格倾向。"古典复兴"思潮、"浪漫主义"哥特式元素在主要侨乡公共高层建筑中较为常见，而开平侨乡民居建筑主要在装饰彩绘方面可见西方古典建筑风格、哥特风格的标志性特征。折中主义风格建筑在开平侨乡民居中最为多见，如蚬冈镇锦江里村的瑞石楼为折中主义建筑代表，立面上运用西式装饰构件，采用古罗马的券拱、穹顶、爱奥立克风格的柱廊、巴洛克风格的山花等，立面灰塑图案中融入了中国传统的福、禄、喜、寿等装饰内容，在西洋的外表下蕴涵着浓郁的传统文化气息。

近代东南亚国家社会发展相对落后，多数国家成为西方殖民地，当地的建筑活动也受到西方文化的影响。东西方文化圈具有明显差异，然而即便是同属于东南亚地区，如泰国、印度尼西亚、马来西亚等国家，其建筑文化也存在极大的差异。东南亚国家生活方式具有浓厚的热带特色和宗教倾向，建筑文化的形式除本地建筑文化基因外，还杂糅了印度、伊斯兰及欧美地区的建筑文化。在表现形式各异的各种建筑文化中，东南亚华侨面临丰富、复杂、多样的选择。

整体而言，近代开平华侨主要移居以美国、加拿大为主的美洲国家，海外移民受西方文化影响，华侨故居地的建造活动受到西方侨居国的建筑文化影响颇深；近代广州华侨主要移居东南亚地区，其建筑形式除本地建筑文化基因外，杂糅了印度、伊斯兰及欧美地区的建筑文化，侨居东南亚国家的华侨回乡建筑活动受东南亚及西方建筑文化影响，在建筑风格样式上具有更加复杂多样的选择。

5.5 本章小结

本章重点尝试从政治环境、物态文化、制度文化、精神文化四个层面探讨广州与开平近代乡村侨乡村落的空间布局、侨居功能结构、立面形态演化差异的成因。

从政治环境层面来看，受国际国内政治环境的影响，广州与开平两地侨乡民居各自经历了不同的发展进程。近代以来，广州社会一直处于动荡局势，广州乡村侨居建设起步较早，但发展速度较为缓慢。开平侨乡民居建设起步较晚，但发展迅速，在19世纪末20世纪初，侨乡民居建设经历过两段较为稳定、快速的发展时期。两地受政治环境的影响程度不同，导致两地侨乡民居发展进程往不同轨道发展。

从物态文化层面来看，根据侨汇资金使用及交通基础设施建设情况，可以大致描绘出广州和开平乡村侨居的空间分布规律与总体特征：房屋建设是侨汇资金的主要用途，开平侨汇资金用于房屋建设投资总额远远大于广州侨汇，开平华侨大力投资交通业，贯穿城乡地区，建设水路、公路及铁路设施并投资交通工具，交通业的发展促进了开平乡村侨乡聚落组团的形成与发展。广州侨汇用于交通业的投资主要针对城镇市区水路、公路及交通工具的投资，乡村地区交通极为不便，一定程度上阻碍了侨乡民居的建设发展。两地侨乡房屋建设侨汇投资总额、交通便利程度直接导致了两地侨乡民居的规模和数量的差异。

从制度文化层面来看，广州与开平两地侨乡宗族结构加速析分和华侨家庭结构呈小规模化演变，伴随着华侨民居的投资建设活动，打破了传统血缘宗族体系的村落格局，两地聚落民居空间结构呈差异演化态势。广州乡村地区以"个人或家庭为单位"的独资建设侨居为主，在传统村落布局上在故居或村外围拓展建设，建筑风格样式可由华侨个人主宰；开平乡村地区为个人独资和联合集资建设两种投资模式兼备，在原村旁或异地开发建设具有宗族色彩的股份制村落，制定村规章程，规范民居样式风貌，统一开发管理。由于华侨家庭独立意识的增强，"大家庭"结构瓦解，广州与开平乡村侨居以不同形式和不同程度增强居住空间的独立性与私密性，形成不同空间布局和立面形态。

从精神文化层面来看，广州与开平两地本土文化与海外侨居地文化是近代广州、开平两地侨乡民居建筑文化形成发展的重要文化来源。一方面，广州与开平两地人文风情、民居建造传统各具特色；另一方面，两地华侨出国导因和海外侨居地各不相同，广州华侨以移居东南亚地区为主，开平华侨在美国、加拿大等美洲国家分布较为集中，因此两地华侨接触到不同的侨居地建筑文化。此外，两地对本土文化自信程度的差异影响着对外来文化的态度，广州文化底蕴深厚，当地群众具有较强的本土文化自信，对外来文化始终保持着理性谨慎、循序渐进的态度；开平则较缺乏文化自信，面对突如其来的外部文化冲击，开平群众抱着向往、崇拜的心理，大力引进西方技术和文化，大规模模仿西方建筑样式，对外来文化吸收表现得更为全面彻底。由此可见，两地本土文化与移民侨居地文化的不同推动了两地侨居文化及侨居立面形态的演化差异。

第六章

结论、建议与展望

6.1 结论

在广东侨乡民居文化发展进程中，广州和开平的民居在相同的社会大背景及相近的地理环境下共同经历了"早期现代化"过程，两地乡村侨居建筑文化发展具有相似性以及层级差异性。在丰富的田间调查基础上，本研究从建筑学角度对侨居立面形态进行分析，从村落层面对广州和开平两地乡村侨居空间分布特征、从建筑层面对两地乡村侨居平面形制、立面形态和构成要素进行系统梳理，同时为深入研究两地侨居建筑文化的层级差异，从立面属性的微观角度，包括"中西构件类别、形态复杂度、西式化程度、防御性程度"四个层面构建立面形态评价标准，对广州、开平两地乡村侨居立面进行地域差异对比分析，探索两地侨居立面形态的发展特征差异，对差异产生的原因从文化形态的四个层面（政治环境、物态文化、制度文化、精神文化）展开深入研究。通过以上几方面的系统研究，可以得出以下几个结论。

6.1.1 村落层面

广州侨乡村落继承与延续传统广府"梳式"村落布局，侨居与传统民居建筑风貌和谐统一。开平侨乡村落以"梳式"布局为原型，呈多向化发展，侨居与当地传统民居建筑风貌呈现动态平衡，尊重原有的村落风貌、秩序的同时又不失多样化发展。

广州地区侨乡村落布局规整，沿用广府村落常见"梳式"布局，侨居在村落中自由分散分布，村落民居风格、色彩样式较为单一，村落天际线高低起伏，秩序不一。开平地区侨乡村落布局形态较为丰富，以广府"梳式"村落布局为主，在原村布局上向外扩展形成自由散布的形式，并学习西方规划制度发展成"棋盘格"村落布局，村落建设规范严谨，房屋建设遵循村里的建屋章程，并尊重原有的村落风貌、秩序，侨居形态风格多样，色彩丰富，村落风貌和谐统一。

6.1.2 建筑层面

广州乡村侨居具有强大的本土文化基因，对西方完整建筑体系的整体认识度不高，建筑外观主要受东南亚地区影响，侨居平面类型呈多样化发展，平面空间向横向及竖向发展；侨居立面中式化，外观造型简洁朴素，建筑材料本土化，立面构件装饰以中式为主，色彩单一。开平乡村侨居对西方建筑风格体系具有较为完整的引进过程，基于广府传统"三间两廊"平面形制，向现代民居过渡演进，平面空间追求竖向高度上的突破；侨居立面西式化，造型层次丰富，西式风格倾向明显，引进建筑材料与技术，立面构件装饰以西式为主，色彩丰富华丽。

（1）平面形制

受建设用地局限、家庭结构变化影响，广州乡村侨居平面向小规模化发展，在传统广府民居"三间两廊"平面形制上，发展出"一偏一正"式、"独头屋"式侨居形式，平面空间朝横向及竖向扩展，增加居住功能或实现公共空间与私密空间划分、洁污区分；开平乡村侨居在平面上打破传统封闭内向的民居形制，以三间两廊式空间格局为基本原型，空间朝竖向扩展，改变传统的功能格局，引入外廊等新型开放空间，在空间开放性、居住舒适性和使用灵活性上不断强化，逐渐向现代民居格局演进。

（2）立面形态

广州乡村侨居立面具有浓厚的中国传统文化气息，整体立面简洁朴素，外墙坚固封闭，不讲究对称均衡，立面层次单一，秩序感和装饰性较弱，建筑风格一定程度上受到东南亚地区及西方建筑的双重影响；而开平乡村侨居受西方建筑影响程度更深，建筑风格倾向明显，立面形态丰富华丽，讲究均衡对称，注重秩序和比例关系，兼顾舒适性、坚固性和美观性。

（3）细部构件

广州乡村侨居立面构件多采用本土建材及建造方法，构件风格以中式为主，嫁接外来形式与元素，西式化程度低，构件外观整体简洁、朴素、统一；而开平乡村侨居立面构件以西式风格为主，模仿西式构件造型并融合传统中式图案元素，西式化程度高，引进西方建材及建造技法，构件样式形态多变、色彩丰富华丽。

6.1.3 广州和开平乡村侨居建筑文化差异产生的原因

主要包括政治环境、物态文化、制度文化、精神文化四个层面。政治环境层面，两地受政治环境的影响程度不同导致两地侨乡民居发展进程向不同轨道发展；物态文化层面，两地侨乡房屋建设侨汇投资总额、交通便利程度直接导致两地侨乡民居的规模和数量的差异；制度文化层面，两地侨乡村落受血缘宗族体系和西方思想的影响程度不同，侨乡宗族结构加速析分改变了两地华侨的房屋投资模式；精神文化层面，两地本土文化与移民侨居地文化的不同推动了两地侨居文化及侨居立面形态的演化差异。

作为广府侨乡文化中心的广州与五邑侨乡文化中心的开平，虽然两地同样受到广府文化、外来文化的影响，两地侨乡村落与侨居立面形态却呈现明显的地域层级差异。开平作为沿江城市，接触外来文化的时间较短，地区经济实力不及广州，然而开平乡村侨居受外来文化影响的程度远远高于沿海地区具有悠久对外交流历史传统的广州，这从侧面说明乡村侨居受外来文化辐射影响程度与接受外来文化时长、靠海地理区位远近、地区经济实力不一定呈正相关关系，这其中主要是深厚的中国传统文化根基起着重要的牵制作用。

6.2 建议

6.2.1 广州与开平侨乡村落与侨居现状差异

（1）两地侨乡村落与侨居现状存在的普遍问题

①村落环境遭破坏

随着城镇化的迅速发展，居住人口激增，村落建筑密度逐渐加大，新建建筑对原有村落布局和整体风貌产生极大冲击，现有的村落功能和生活设施无法满足现代化的居民生产生活需求。侨乡村落保护的相关法律法规文件及规划控制导则指引具有滞后性，无法跟上村落开发进程。私人企业主导的旅游业更注重利益，忽略对村落风貌、生态环境的整体性保护，新旧建筑混杂、风格不一，质量参差不齐，村落环境遭到不可逆性的破坏。

②村落功能滞后

随着时代的进步，原有村落功能关系模式会随人类生产生活的需求关系而遭到摒弃或强化。许多开平侨乡村落原有功能以祭祀、防御和居住为主，如今良好的社会治安环境使村落的防御功能成为摆设，祭祀功能也逐渐消失，在村落开发中村落防御功能精神内涵被淡化。遗产区内对民居功能利用多数改造为文博功能，整体村落功能单一、滞后，无法满足居民长期生活居住的"娱乐""消费"需求。此外，村落内许多侨居建筑居住功能蜕化而被闲置，无法满足日益增长的人口居住需求。许多侨居由于原有结构老化，基础生活设施落后，功能利用滞后而被闲置；或因为长期过度使用，没有得到较好的维护导致功能退化而被摈弃，非物质文化遗产和村落建筑精神内涵被消磨殆尽，导致侨乡文化价值降低。

③村落单体建筑损坏

村落内许多侨居由于长期无人居住，年久失修，再加上自然灾害（水灾、虫灾）的侵蚀以及人为火灾等因素对建筑本体造成较大程度损坏，由私人主导的侨居房屋改造利用没有经过相关部门的审核，对建筑层数、立面造型、色彩装饰随意改动，引入新的建筑材料，褪去青砖灰瓦，以瓷砖、玻璃等现代材料代替，失去建筑原真性，影响了建筑风貌的整体性，侨居建筑作为侨乡村落文化与精神内涵载体的功能逐步丧失。

④街巷空间功能消失

街巷空间是村民日常生活的重要活动场所，村口的大榕树、村前的晒场、民居巷道、古井打水场所都是从前村民闲暇、聊天、休憩的主要空间选择。如今晒场被占为停车场地、古井作用消失，丧失人气吸引力，新建建筑和村落设施占据原有公共休闲场所，游客走街串巷打破了村民原本宁静的生活。现今的侨乡村落街巷空间活动功能逐渐消失或变质，村落户外公共空间系统无法满足现代生活节奏，无法容纳所有年龄段村民的娱乐活动需求。

（2）两地侨乡村落与建筑文化差异比较

①自然环境

开平侨乡村落优美的自然环境与碉楼侨居建筑交相辉映，村内的建筑密度低，绿化率高，大片的稻田、水塘、菜地散落其间，高耸的碉楼庐居、低矮的传统民居与自然环境空间层次分明，形成优美而富有秩序的天际线变化。广州侨乡村落景观风貌与开平截然不同，随着城镇化的发展，村内建筑密度加大，绿化面积减小，传统民居也逐渐被新建房屋遮挡淹没，而且建筑高度不一，天际线变化参差不齐（表6-1）。

两地侨乡村落建筑与自然环境关系对比　　　　　　　　　表6-1

侨乡村落	建筑与自然环境特点
开平侨乡	村落优美的自然环境与碉楼侨居建筑交相辉映，村内建筑密度低，绿化率高，形成优美而富有秩序的天际线变化
广州侨乡	村内建筑密度大，绿化面积小，而且建筑高度不一，天际线变化参差不齐

（表格来源：作者自制）

②侨乡村落交通路网

开平侨乡村落采用梳式、棋盘式、自由散点式的侨居分布形式，侨居数量占比多，基本属片状集中分布；村内道路排布规整，扩大建筑前后间距，满足建筑四面开窗采光通风的需求；整齐划一的纵横交通便于通行，道路的视距空间可充分展示建筑外观形象，旅游参观路线清晰。广州侨乡村落采用"梳式"布局，侨居数量占比少，呈现出以家族为核心的分散布局形式，街巷建筑紧凑密集，建筑前后紧靠，形象展示面少，街巷纵向交通为主，横向交通不便，侨居之间没有形成连贯的参观路线（表6-2）。

两地侨乡村落建筑与交通路网关系比较　　　　　　　　　表6-2

侨乡村落	侨居分布形式	交通路网	侨居参观路线
开平侨乡	数量多、片状集中分布	村内道路排布规整，扩大建筑前后间距，满足建筑四面开窗采光通风的需求；整齐划一的纵横交通便于通行，道路的视距空间可充分展示建筑外观形象	清晰
广州侨乡	数量相对少，村落内分散布局	街巷建筑紧凑密集，建筑前后紧靠，形象展示面少，街巷纵向交通为主，横向交通不便	不连贯

（表格来源：作者自制）

③建筑特色与功能变迁

2007年"开平碉楼与村落"在第31届世界遗产大会上被列入《世界遗产名

录》，开平碉楼、庐居兼防御与居住功能于一体，建筑造型融合了中国传统文化与西方建筑艺术，整体立面构成相对繁杂，立面层次丰富、立体感强，讲究规则、对称，装饰细部精雕细琢，外观装饰性极强。开平乡村侨居凝聚了开平人民的建造智慧与辛勤汗水，开平碉楼侨居是一种独具特色的群体建筑形象。随着乡村人口流失，荒废的侨居建筑由政府及私人企业介入，将一些侨居原本的居住功能转变为展览、餐饮、商业、旅店等功能。而广州乡村侨居以居住功能为主，随城镇化发展需求或被拆除重建，或被改为商用，或用于对外出租，或自住和空置。广州乡村侨居的建筑大多也是中西元素合体，整体立面简洁朴素，立面形态上不寻求严谨的秩序和比例，讲求实用性、灵活性，装饰性较弱，在丰富多元的文化环境下形成了独特的广州侨居文化景观，但其建筑特色远远不及开平碉楼（表6-3）。

两地乡村侨居保护利用条件对比　　　　　　表6-3

	开平侨乡村落	广州侨乡村落
自然环境	山、水、稻、塘	平原、水
交通路网	交通便捷、参观路线清晰	交通不便、参观路线不连贯
建筑特色	建筑造型融合了中国传统文化与西方建筑艺术，是一种独具特色的群体建筑形象	中西结合，传统文化气息浓厚，外观粗犷简洁
功能变迁	防御、自住、闲置、文博功能	自住、出租、商用、空置、拆除重建

（表格来源：作者自制）

6.2.2 开平侨居保护与利用措施对广州侨居保护的启示

（1）开平乡村侨居保护与利用对策

①政府主导保护开发

本课题研究对象开平自力村、马降龙村、锦江里村、赓华村（立园）均为遗产核心区，推行政府托管制，将碉楼（庐居）交由政府托管，由政府出资保护修缮和开发利用。自力村由三个自然村组成，共有79栋民居，包括9座碉楼和6座庐居。其中4座碉楼被活化利用为华工纪念馆、非物质文化体验馆、游客交流中心及游客旅馆，供游客参观并收取费用，用于探索活化利用方式。其他侨居仅供外部参观，村内三间两廊式侨居大多被空置，并出现老化现象。马降龙村由五个自然村组成，有100多间房屋，包括7座碉楼和11座庐居被保护得较好，其中只有两座碉楼作为展馆对外开放，其余为三间两廊式侨居与普通民宅，大多被闲置。立园内共有1座碉楼、6座庐居和1栋楼阁别墅，全部作为展馆对外开放，村内建筑与非物质文化遗产保存较为完好。锦江里村共建有65栋房屋，其中有3座碉楼和7座庐居，其余为三间两廊式侨居，政府仅对村内3栋著名碉楼进行保护修缮，村内房屋闲置率也很高。由此可知，由政府主导的保护开发模式也存在着一些问题：

• 政府重碉楼、庐居的保护修缮，对大量空置的三间两廊式侨居关注度较低，这些空置侨居还存在着较大的保护利用空间。

• 侨居利用的功能模式单一，几乎只作为展览馆供游客参观，建筑资源利用方式简单，展示方式没有创造性，难以对游客产生持久吸引力。

• 侨村的保护注重对外输出，没有激发村落内部经济活力，没有关注村民内部生产生活需求。

②私营旅游企业承包开发

开平塘口黄金小镇由黄金桃园旅游开发有限公司承包开发，村内有6座碉楼保存完好，由于开平碉楼保护规定的限制以及碉楼内部空间狭小难以利用的问题，现今碉楼仅用于展览参观。

碉庄最早建成于1922年，占地60余亩，由各座碉楼、观音殿、佛笑楼、古镇风情街、民间手工艺廊以及五邑文化大舞台等建筑组成。碉庄由私人承包开发，运营模式主要是作为教育培训基地接收学生团体进行短期艺术培训，给学生提供食宿，以此获得收益；同时作为参观基地对游客开放，然而碉庄原本的祠堂被强行改为佛堂，并引导游客进行消费和捐款，具有借助公共财产谋求不当得利之嫌。

③教育组织团体接管运营

开平塘口镇仓东村是开平一大侨村，为谢氏家族的始居地，现存有51座房屋，包括1座碉楼、两座祠堂和多幢中西合璧的洋楼，几乎被弃置。该村的保护模式为由谭金花教授接管、主持开发，以教育产业为主，创建仓东教育宣传基地，两座祠堂改为展览、教学及交流活动空间，传统的侨居改造为教室和学生宿舍，有时接收其他教育机构，提供学习办公场所。"仓东计划"保护开发模式与国内普遍作为"旅游景区"活化方式不同，注重对村落肌理和地方精神文化的保存，同时注重考虑村民利益，积极沟通并带动村民参与保护修缮工作，鼓励当地居民保存当地文化，延续传统生活方式，为原村注入居住、教育、会议、文化展示等多种功能，同时带动当地经济发展，增加村民收入，由此获得的经济收益作为侨居保护修缮的主要资金来源。此开发模式目前获得了广泛好评。

（2）关于广州乡村侨居保护的思考与建议

广州市原有18个重点侨乡和23个一般侨乡，现今许多侨乡已不见侨居踪迹，而是代以高楼大厦，大量具有保留价值的乡村侨居因为新楼的建设开发而遭到违法拆除，尚存的侨居大多被空置，难以联系产权人，或被超负荷使用得不到保护。

"开平碉楼与村落"被录入世界文化遗产，是由于其独具艺术风格、地域特色、时代标志、审美价值的建筑与村落规划而成为人类文化视野的新名片，许多具有保护研究价值的开平碉楼房主将碉楼交由国家托管，由政府出资保护修缮，并对公众开放。然而，广州乡村侨居从建筑特色和典型性来讲，远不及开平乡村侨居，并且它们在产权上均属于个人，由政府出资保护修缮个人财产，直接受益人为产权人及使用人，这显然是不合理的，也不能成为长久之计；若让产权人自行承担保护修缮义务，大多数房主则不愿承担或无力承担，只能任其空置破败。面对这种情况，许多村政府组织也是心有余而力不足。

对侨居的保护修缮工作不应成为公益性事业，应当让此保护修缮工作产生社会效益与经济效益。开平碉楼的保护利用方式，大多借助碉楼的艺术价值将其改造为文博建筑，对公众开放，收取参观费用，以此产生社会效益与经济效益，但这种方式仅对文物保护单位合适。目前大部分广州乡村侨居对其保护研究价值尚未评估，未被纳入保护单位的侨居数量大，若忽略其使用价值和使用性质而统一改造成文博建筑显然不合理也不现实。那么广州乡村侨居到底应该如何进行保护？如何让其产生社会效益和经济效益呢？笔者对此有一些看法和提议。

①转变产权、用地性质和使用功能

根据笔者实地调研采访，一些村委会对于其村内的侨居情况包括侨居总数量、产权归属、使用情况、房龄、房主去向等均不清楚，对于侨居文化价值并不重视和了解，因此保护工作的第一步应当由村委会起好带头作用，重视和关注侨居文化价值，积极开展侨居普查工作，做好侨乡文化宣传工作，提高村民的文化自豪感，才能更好带动群众积极参与配合侨乡文化保护工作。明确了产权归属，才好进行下一步工作，政府可尝试出资收购部分侨居产权，或学习开平碉楼的政府托管制，转变用地性质，对于具有较高历史研究价值和艺术审美价值的侨居可由政府保护修缮转变为公益性文博建筑，对于其他一般性侨居则可由政府出让给私营企业，由政府监督，将保护修缮工作交由承包人承担，政府给予政策性补贴，并负责道路和基础设施投资。现在广州已经对侨居保护利用方式进行了一些尝试，花都区花山镇洛场村就是由政府支持并与民营企业合作的乡村更新改造项目，规划改造建设成为一个以碉楼古村落和侨乡民俗文化为特色的综合文化园区，一个融"民俗文化+碉楼文化+度假休闲+创意文化"于一体的健康生活小镇、文创旅游小镇，使之成为广州市"乡村旅游示范点"。这一举措对洛场村侨居保护及侨村经济复兴起到了一定作用，并获得了良好的社会效益。

②保护与利用并行，区域联动发展

改变传统的村落保护开发建筑单向先行的模式，开平碉楼与村落的保护利用是依托其便捷的交通体系与配套设施发展成熟的。因此，广州乡村侨居的保护发展模式可借鉴其经验，采用村落要素共同开发方式，以创建便利的步行交通体系和完善的基础配套设施为基础，以建立健全街巷公共空间体系为支撑，以广府文化与侨乡文化为基石，以侨乡村落建筑文化背后的精神内涵为养分，打造广州侨乡区域文化圈，促成整个侨村区域联动发展。

③控制新建体量，限制新建高度

《广东省开平碉楼保护管理规定》中明确说明在开平碉楼建设控制地带内进行建设工程，不得破坏碉楼周围的环境风貌，建筑物或者构筑物的形式、高度、体量、色调等应当与碉楼的环境风貌相协调，广州乡村侨居保护也应学习并秉持该原则。在广州侨乡村落中，由于侨居分布分散，对于整个村落建筑高度限制难以实现，根据侨居以"家族为核心"的分布特点，可以对村落划分出侨居核心区，严格限制核心区50米范围内的建筑高度，并保证侨居区的街巷视距空间无遮挡，充分展示侨居建筑的外观形象。

④构建侨居立面分级保护机制

侨居立面是反映侨居发展历史的重要链条，是地域建筑符号的重要组成部分，是文化街区空间塑造和经济复兴的重要砝码，对城市形象提升、历史文脉延续具有积极意义。要保护侨乡历史文脉，复兴侨乡经济活力，必须重视对村落风貌的协调保护，尤其要重视对侨居立面的保护与修缮工作。但现存广州乡村侨居数量较大，质量参差不齐，立面历史价值不一，政府要保护的建筑每年都在增长，呈现"僧多粥少"的局面。类似这种情况，开平政府面对数量庞大、分散各村的开平碉楼，借助对不同碉楼建立分级保护机制，从而使保护效率大大提高，推动了碉楼的保护工作。借鉴其经验，广州乡村侨居需要对其重要性及保护价值进行评定，划分"具有重大历史意义侨居""中西合璧特色侨居"和"一般普通侨居"，对侨居立面保护价值评定可参考本课题的立面分类评价标准，依据中西构件占比、立面复杂度、立面西式化程度、立面防御性能进行综合评价，划分保护等级，构建侨居立面分级保护机制。

⑤成立专项保护与开发机构，健全保护法规

提高市、区等各级政府重视程度，健全完善地方侨居保护法规，调动普通民众和侨居屋主、用户的积极性，遵从自治原则，建立乡规民约；提升高校教育研究团体的关注度，建议成立侨居专项保护与开发机构，以多方共同努力延续侨乡文化价值。

6.3 展望与总结

建筑立面是一个地区建筑风貌的重要表征，侨居立面对于焕发侨乡文化活力、延续城市文脉具有积极意义。通过走访广州和开平地区侨乡村落，笔者尝试从侨居立面的角度切入研究近代广府侨乡民居文化演进的内在差异，揭示广府侨乡民居建筑文化的层级多样性特征，并从政治、经济、社会、人文特征层面挖掘广州与开平乡村地区侨居文化发展差异的动力因素，以期对广府地区侨居风貌特征的形成与发展形成较为全面的认识。

本课题的研究内容及对学科研究的贡献主要有以下几点：

第一，本课题对广州、开平侨乡民居进行实地调研，收集许多民居建筑资料，利用 ArcGIS 软件建立了两地乡村侨居建筑信息数据库，形成了较为系统全面的广州、开平侨乡民居调研结果，为学者对广府侨乡民居建筑文化的后续研究提供了参考。

第二，对广州与开平乡村侨居进行全面系统的梳理，实现广州、开平两地侨乡文化的归纳比较，真实、完整地保存广府侨乡民居建筑及聚落文化，并揭示广府乡村侨居建筑层次多样性的文化特征，为基于文化多样性和重要性原则开展近代广府乡村侨居建筑文化宣传和保护开发工作提供依据，并为传承发展侨乡优秀品质提供文脉素材。

第三，采用定性定量相结合方式构建侨居立面评价体系，并对两地乡村侨居立面形态特征进行统计，比较分析两地乡村侨居样本，探寻基于立面形态的侨居地域特征。

第四，本课题在进行广州与开平两地侨乡聚落和建筑立面形态比较的基础上，分析归纳两地侨居文化异同点，结合社会学、历史学、人文地理学等学科对两地演化差异成因进行归纳总结。

第五，对比分析广州与开平两地侨居现状，借鉴开平侨居保护模式，提出针对广州乡村侨居的保护利用建议。

附录一　开平侨居立面CAD图稿 ①

开平赓华村（立园）泮立楼及立面 CAD 图

开平赓华村（立园）炯庐及立面 CAD 图

---

① 本附录图片及立面 CAD 图均为作者自摄、自绘。

开平赓华村（立园）晃庐及立面 CAD 图

开平赓华村（立园）明庐及立面 CAD 图

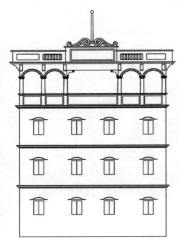

开平自力村叶生居庐及立面 CAD 图

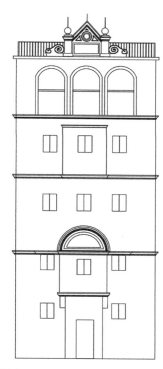

开平赓华村（立园）乐天楼及立面 CAD 图

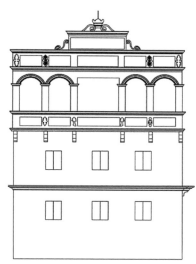

开平自力村耀光别墅及立面 CAD 图

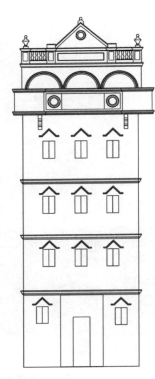

开平自力村养闲别墅及立面 CAD 图

开平自力村湛庐及立面 CAD 图

开平自力村球安别墅及立面 **CAD** 图

开平自力村振安楼及立面 **CAD** 图

开平自力村安庐及立面 CAD 图

开平自力村居安庐及立面 CAD 图

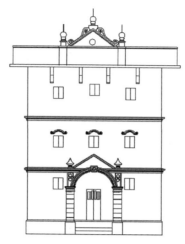

开平自力村龙胜楼及立面 **CAD** 图

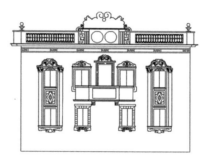

开平马降龙村荫庐及立面 **CAD** 图

开平马降龙村楚庐及立面 **CAD** 图

开平马降龙村林庐及立面 CAD 图

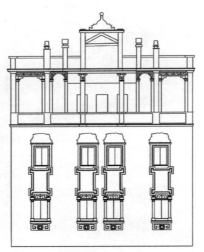

开平马降龙村昌庐及立面 CAD 图

开平马降龙村骏庐及立面 **CAD** 图

开平马降龙村信庐及立面 **CAD** 图

附录二　开平乡村侨居柱头样式 [1]

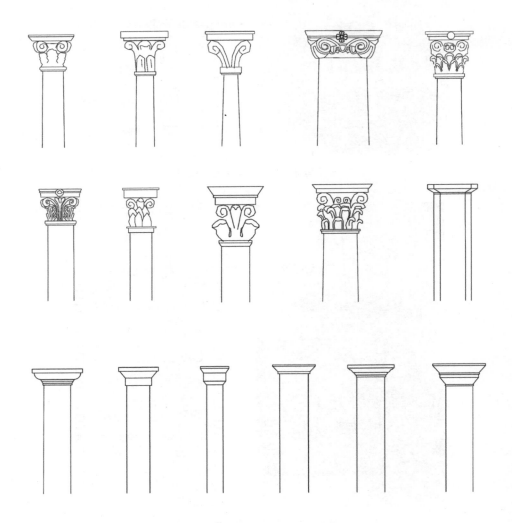

———————————
① 本附录图片为作者自绘。

附录三　广州侨居立面CAD图稿 [①]

广州洛场村活元楼及立面 CAD 图

广州洛场村容南楼及立面 CAD 图

---

① 本附录图片及立面CAD图均为作者自摄、自绘。

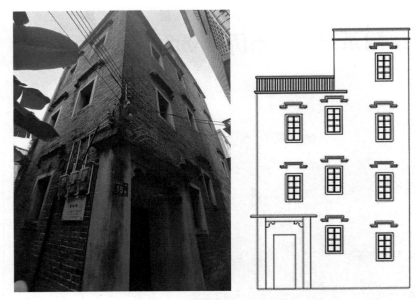

广州洛场村营辉楼及立面 CAD 图

广州洛场村兰芳楼及立面 CAD 图

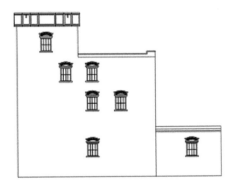

广州洛场村容膝楼及立面 **CAD** 图

广州洛场村开康楼及立面 **CAD** 图

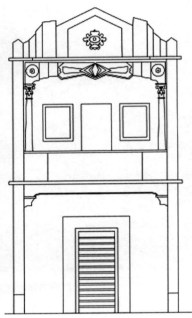

广州黄沙头村村心街 7 号楼及立面 CAD 图

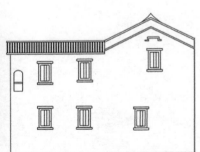

广州黄沙头村黄锡崧洋楼及立面 CAD 图

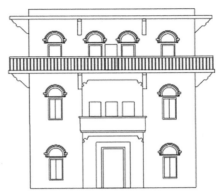

广州平山村富楼及立面 **CAD** 图

附录四 广州平山村侨居建筑信息 [①]

德仔楼（读月楼、勋庐）

地址	广州花都平山村		
建造时期	1926年	楼主	江长林、江长德、江长龄
侨居国	美国	建筑层数	4
建筑类型	碉楼	建筑结构	水泥青砖结构

建筑简介

德仔楼，又名读月楼、勋庐，进院大门上有"勋庐"二字的石刻。位于花都平山村，始建于1926年，由江家三兄弟江长林、江长德、江长龄集资兴建。据说设计图纸由加拿大带回，建筑带有巴洛克风格，全楼共有四层，一、二层以水泥筑成，三、四层为青砖修建，下体扎实，上体稳固；一至三楼每层有八间房，四楼有大厅。四楼四角挑出"燕子窝"，天台有环绕整个楼顶的环廊，环廊用高大厚实的雕花围墙围成，绘有祥云纹图案，更设计了西方典型的钟楼式尖塔。

① 本附录照片均为作者自摄。

富楼

地址	广州花都平山村		
建造时期	1926年	楼主	江长林、江长德、江长龄
侨居国	美国	建筑层数	3
建筑类型	庐居	建筑结构	青砖结构

建筑简介

富楼位于花都平山村，高三层，全楼以青砖砌成，稳固扎实。富楼虽存在部分碉楼的特征，但就其建筑结构而言，基本与普通住宅楼房无异，三楼有环抱全楼的环形走廊，配以镂空的弓形围栏，可见楼主对生活情趣有着较高要求。

狗碑堂

地址	广州花都平山村		
建造时期	1926年	楼主	江长林、江长德、江长龄
侨居国	美国	建筑层数	2
建筑类型	庐居	建筑结构	石材结构

建筑简介

狗碑堂位于花都平山村，就外形而言属于碉楼同一时期的楼房，内部以石材结构为主，二楼通往三楼的楼梯为木质结构，平顶屋面，青砖墙。

显军楼

地址	广州花都平山村		
建造时期	民国时期	楼主	刘显军
侨居国	美国	建筑层数	2.5
建筑类型	庐居	建筑结构	青砖结构

建筑简介

　　显军楼位于花都平山村，两层半结构，由旅美华侨刘显军出资兴建。墙体全部由青砖修砌，三楼露台围墙上有几个带欧式风格的锥形尖顶装饰柱，平坡结合屋顶。

显玲楼

地址	广州花都平山村		
建造时期	民国时期	楼主	刘显玲
侨居国	美国	建筑层数	3.5
建筑类型	碉楼	建筑结构	青砖结构

建筑简介

　　显玲楼位于花都平山村，建于民国时期，由旅美华侨刘显玲出资兴建。楼层看似有四层高度，实际为三层半结构，全部为青砖砌成；从侧面看，这座楼呈阶梯状，层次分明；二楼正面楼梯向内缩进，让出小露台；第四层为阁楼的形式，带有小露台，小露台矮围墙设计华丽，墙身两边各有3个对称的雕花镂空石洞，中部有一块加厚的墙面，矮围墙顶部还有模仿欧式路灯造型的装饰立柱。

安仔楼

地址	广州花都平山村		
建造时期	民国时期	楼主	—
侨居国	美国	建筑层数	5.5
建筑类型	碉楼	建筑结构	青砖结构

建筑简介

安仔楼位于花都平山村，建于民国时期，楼主全名不详。楼高五层半，青砖砌成，三楼正面墙体向内缩进，让出小露台；楼顶围墙上左右对称的花式立柱、海浪状的波纹形装饰，使安仔楼显得富丽堂皇。

肥同楼

地址	广州花都平山村		
建造时期	民国时期	楼主	刘显同
侨居国	美国	建筑层数	6
建筑类型	碉楼	建筑结构	青砖结构

建筑简介

肥同楼位于花都平山村,建于民国时期,楼主刘显同与显军楼、显玲楼、安仔楼的主人为亲兄弟,肥同楼在四座楼中楼层最高,分量最重。楼高六层,底部两层由水泥建造,上面四层由青砖砌成,六楼采用屋顶的开放式设计,四角设有"燕子窝",燕子窝之间的围墙设计成花园长廊的造型。

福煊楼

地址	广州花都平山村		
建造时期	民国时期	楼主	刘福煊
侨居国	美国	建筑层数	3.5
建筑类型	碉楼	建筑结构	砖木结构

建筑简介

福煊楼位于花都平山村六队旧村落东边路边，建于民国时期，由旅美华侨刘福煊出资兴建。楼高三层半约13米，平面接近正方形，楼内每层都是木质楼板和楼梯；一楼只有正面墙有小窗户，其他三面墙无窗；二楼到三楼，每层楼每面墙都有一个小窗和左右对称的两个射击孔，小窗四周镶嵌水泥条石加固，装有铁栅栏，并有对开小木门挡光；楼顶的阁楼和平台围墙均设计有射击孔，防御措施完备，是一座名副其实的炮楼。

福湘楼

地址	广州花都平山村		
建造时期	20世纪20年代	楼主	刘福湘
侨居国	—	建筑层数	3
建筑类型	碉楼	建筑结构	青砖结构

建筑简介

福湘楼位于花都平山村六队旧村落东边，福煊楼的西北面，建于民国时期，由刘福湘出资兴建。该碉楼采用坡屋顶，楼顶设置女儿墙，属于青砖墙建筑。

辉仔楼

地址	广州花都平山村		
建造时期	1945	楼主	刘俊辉
侨居国	美国	建筑层数	3.5
建筑类型	碉楼	建筑结构	砖木结构

建筑简介

辉仔楼位于花都平山村六队旧村落西边，建成年代较晚，大约在1945年，由旅美华侨刘俊辉兴建。楼坐北朝南，内部格局由下往上，基本开间布局都是厅在左边，两间房在右边，木质楼板，楼梯有水泥砖砌成的和木质的；三楼露台的南面有两个五面突出的"燕子窝"，每个面上都有射击孔，同时还有两个向下开口的射击孔。

附录五 广州洛场村侨居建筑信息^①

耀宗楼

地址	广州花都洛场村		
建造时期	民国初期	楼主	江耀宗
侨居国	美国	建筑层数	2.5
建筑类型	碉楼	建筑结构	钢筋混凝土

建筑简介

耀宗楼位于洛场村一队，建于民国初期，中西合璧碉楼建筑风格，由旅美华侨江耀宗出资建造。楼坐东向西，宽约6米，进深约20米，高二层半约13米；平顶屋面，青砖墙，楼内为钢筋混凝土楼面和楼梯。主楼右路前作为偏厅，高一层，宽5.4米，后为院子，院内砌有较高的墙体，楼的北面为小四合院，院内有四间平房。

---

① 本附录照片均为作者自摄。

汝威楼

地址	广州花都洛场村		
建造时期	20世纪20年代	楼主	江汝威、江汝奖、江汝鉴
侨居国	美国	建筑层数	4
建筑类型	碉楼	建筑结构	钢筋混凝土

建筑简介

汝威楼位于洛场村一队，建于20世纪20年代，中西合璧碉楼建筑，带有三间两廊的风格，由旅美华侨江汝威、江汝奖、江汝鉴三兄弟合资兴建。楼坐西向东，宽约12米，进深约11米，高四层约15米，建筑占地面积132平方米。

岳楼楼

地址	广州花都洛场村		
建造时期	20世纪20年代	楼主	江岳楼
侨居国	美国	建筑层数	3.5
建筑类型	碉楼	建筑结构	青砖墙

建筑简介

    岳楼楼位于洛场村一队，建于20世纪20年代，属于华侨碉楼风格建筑，偏中式风格，由华侨江岳楼出资兴建。楼坐北朝南，俯瞰建筑轮廓呈梯形，四面墙长度不一，宽度约为9米，进深分别为7米和4.6米，高三层半约13米，建筑占地面积约67平方米；平顶屋面，青砖墙。

岳崧楼

地址	广州花都洛场村		
建造时期	20世纪30年代	楼主	江岳崧
侨居国	美国	建筑层数	2.5
建筑类型	庐居	建筑结构	钢筋混凝土

建筑简介

岳崧楼位于洛场村二队，建于20世纪30年代，中西合璧的庐居建筑，由华侨江岳崧出资兴建。楼坐西向东，宽约4米，进深约8米，高二层半约10米，建筑占地面积32平方米；平顶屋面，青砖墙，混凝土铺地，楼内为钢筋混凝土楼面和楼梯。

岳鸾楼

地址	广州花都洛场村		
建造时期	20世纪30年代	楼主	江岳鸾
侨居国	美国	建筑层数	3.5
建筑类型	碉楼	建筑结构	钢筋混凝土

建筑简介

岳鸾楼位于洛场村二队。该楼建于20世纪30年代，中西合璧的建筑风格，由华侨江岳鸾出资兴建。楼坐西向东，宽8米，进深11米，高三层半约13.6米，建筑占地面积88平方米；平顶屋面，青砖墙，红方砖铺地，楼内为钢筋混凝土楼面和楼梯。

起鹏楼

地址	广州花都洛场村		
建造时期	清末	楼主	江起鹏
侨居国	美国	建筑层数	2.5
建筑类型	广府民居洋房	建筑结构	砖木结构

建筑简介

起鹏楼位于洛场村二队，西侧毗邻岳崧楼。该楼建于清末，由华侨江起鹏出资兴建。楼坐北朝南，宽约16米，进深约5米，建筑占地面积约80平方米，楼后有一个进深5米的院子。该楼为硬山顶，人字封火山墙，绿灰筒瓦，灰塑脊，青砖墙。楼高两层半，里面为木质楼板结构；西侧为厨房和杂物房，砖木结构。2005年9月，广州市政府公布起鹏楼为广州市市级登记保护文物单位。

兰芳楼

地址	广州花都洛场村		
建造时期	20世纪30年代	楼主	江兰芳
侨居国	美国	建筑层数	3.5
建筑类型	广府民居洋房	建筑结构	钢筋混凝土

建筑简介

兰芳楼位于洛场村二队。该楼建于20世纪30年代，中西合璧式建筑，由旅美华侨江兰芳出资兴建。楼坐西朝东，宽约5米，进深约17米，高三层半约15米，总建筑占地约198平方米，其中南面院子和南侧建筑占地面积约100平方米。兰芳楼呈长方体形状，南面三楼有一个小阳台；平顶屋面，青砖墙。

景芳楼

地址	广州花都洛场村		
建造时期	20世纪30年代	楼主	江景芳
侨居国	美国	建筑层数	3.5
建筑类型	碉楼	建筑结构	钢筋混凝土

建筑简介

景芳楼位于洛场村二队。该楼建于20世纪30年代，中西结合式建筑，由旅美华侨江景芳出资兴建。楼坐北朝南，宽约4米，进深约14米，高三层半约13米，建筑占地面积约56平方米；坡屋面，青砖墙。

禄海楼

地址	广州花都洛场村		
建造时期	20世纪20年代	楼主	江禄海
侨居国	美国	建筑层数	3.5
建筑类型	碉楼	建筑结构	钢筋混凝土

建筑简介

禄海楼位于洛场村二队。该楼建于20世纪20年代，由旅美华侨江禄海出资兴建，是一座中西合璧的建筑。禄海楼坐北朝南，宽约5米，进深约9米，高三层半约14米，建筑占地面积45平方米；平顶屋面，青砖墙。

营辉楼

地址	广州花都洛场村		
建造时期	民国时期	楼主	江营辉
侨居国	美国	建筑层数	2.5
建筑类型	碉楼	建筑结构	钢筋混凝土

建筑简介

营辉楼位于洛场村二队。该楼建于民国时期，中西结合式碉楼建筑，中式风格更为浓重，由旅美华侨江营辉出资兴建。营辉楼坐北朝南，宽约5米，进深11米，高三层半约15米，建筑占地面积55平方米；平顶屋面，青砖墙。

通亮楼

地址	广州花都洛场村		
建造时期	20世纪30年代	楼主	江通亮
侨居国	美国	建筑层数	4
建筑类型	碉楼	建筑结构	钢筋混凝土

建筑简介

通亮楼位于洛场村二队。该楼建于20世纪30年代，中西结合风格，由华侨江通亮出资兴建。楼坐北朝南，宽约11米，进深约9米，高四层约15米，建筑占地面积约99平方米；楼顶为平屋顶，楼内为钢筋混凝土楼面和楼梯。

惠南楼

地址	广州花都洛场村		
建造时期	20世纪30年代	楼主	江惠南
侨居国	美国	建筑层数	3.5
建筑类型	碉楼	建筑结构	石质结构

建筑简介

惠南楼位于洛场村二队，紧邻容南楼。该楼建于20世纪30年代，典型的中西结合风格，由旅美华侨江惠南出资兴建。该楼坐西向东，宽约12米，进深约11米，楼高三层半约14米，建筑占地面积约134平方米，整座楼为青砖砌成。楼中原为木质结构，曾经被烧毁，后修复改为石质结构。

容南楼

地址	广州花都洛场村		
建造时期	20世纪30年代	楼主	江容南
侨居国	美国	建筑层数	3
建筑类型	碉楼	建筑结构	钢筋混凝土

建筑简介

　　容南楼位于洛场村二队，建于20世纪30年代，典型中西结合风格，由旅美华侨江容南出资兴建。楼坐西朝东，宽约12米，进深约11米，高三层约12米，占地面积约134平方米。容南楼三楼顶部西侧角落位置修建了"燕子窝"，"燕子窝"呈多面柱型，墙身有三个射击枪眼，底部有两个；建筑为平顶屋面，青砖墙。

荣辉楼（配芬家塾）

地址	广州花都洛场村		
建造时期	1927年	楼主	江连辉、江荣辉
侨居国	美国	建筑层数	4.5
建筑类型	碉楼	建筑结构	青砖结构

建筑简介

　　配芬家塾，又名孖楼，位于洛场村二队，是两座连在一起的碉楼，建于1927年，为华侨江连辉、江荣辉两兄弟所建。两座楼都是四层半，外形不一致，一边是青砖为主的荣辉楼，另一边为青砖红砖融合的连辉楼，两栋楼紧贴在一起。荣辉楼二层以上为青砖结构，造型普通，中规中矩，一楼为水泥砂浆结构，上铺以青灰色的粗砂石板，墙裙和窗户均有一圈烦琐而对称的方形回纹浮雕修饰其边。大门内陷，顶部内陷的两端被雕琢成了云形曲线装饰，十分华美。

　　连辉楼的设计更倾向于传统的碉楼，没有太多的复杂装饰性结构，而是更加突显防御功能。连辉楼四楼，一边的墙身向内缩进，让出的面积形成一个露台。露台两个角落设计了"燕子窝"，正对配芬家塾的正面，大大提高了配芬家塾的防御性能。

绍甲楼（瑞莲楼）

地址	广州花都洛场村		
建造时期	民国初期	楼主	江绍甲
侨居国	美国	建筑层数	5.5
建筑类型	碉楼	建筑结构	砖木结构

建筑简介

　　绍甲楼，又名瑞莲楼，位于洛场村三队，建于民国初期，典型的中西合璧华侨碉楼风格，由旅美华侨江绍甲出资兴建。楼坐北朝南，宽约12.3米，进深约6.5米，高五层半约17米，建筑占地面积约80平方米；硬山顶屋面，外面为青砖墙，内部为泥砖墙，俗称"金包银"，楼内为木质楼面和楼梯。

绍庚楼

地址	广州花都洛场村		
建造时期	20世纪20年代	楼主	江绍庚
侨居国	美国	建筑层数	4
建筑类型	碉楼	建筑结构	钢筋混凝土

建筑简介

绍庚楼位于洛场村三队，由旅美华侨江绍庚于20世纪20年代所建。原来楼板为木质结构，后因火灾改成了钢筋混凝土结构。该楼坐北朝南，宽约20米，进深约8.4米，建筑占地面积约170平方米；平顶屋面，青砖墙。

开康楼

地址	广州花都洛场村		
建造时期	20世纪20年代	楼主	江开康
侨居国	美国	建筑层数	3
建筑类型	庐居	建筑结构	钢筋混凝土

建筑简介

开康楼位于洛场村三队，该楼建于20世纪20年代，典型中西结合庐居建筑，由旅美华侨江开康出资兴建。楼坐西向东，宽约4米，进深约10米，高三层约10米，建筑占地面积约40平方米。长方形地基，从南北两边看，整栋楼的侧面由东向西呈阶梯状上升。楼前有小院，占地面积约20平方米。屋面为坡屋顶，四周女儿墙围绕，青砖墙。

文全楼

地址	广州花都洛场村		
建造时期	20世纪20年代	楼主	江文全
侨居国	美国	建筑层数	2.5
建筑类型	碉楼	建筑结构	钢筋混凝土

建筑简介

文全楼位于洛场村三队，建于20世纪20年代，由旅美华侨江文全出资兴建。文全楼坐西向东，高两层半，人字硬山顶。整座楼四面窗户设计得很少且很小，楼正面上下两层每层各有两个射击孔，楼背面也有两个射击孔；楼门设计得很小，防御性强。楼的门头有飘檐，瓦檐下还有精美的灰塑装饰，楼名刻字被铲掉，无法辨识。

容膝楼（东伟楼）

地址	广州花都洛场村		
建造时期	民国初期	楼主	江东伟
侨居国	美国	建筑层数	3.5
建筑类型	碉楼	建筑结构	—

建筑简介

容膝楼，又名东伟楼，位于洛场村三队，建于民国初期，中西结合式碉楼建筑，由旅美华侨江东伟出资兴建。楼坐西向东，宽约3.6米，进深约12米，高三层半约13米，建筑占地面积约42.8平方米。容膝楼整体扁平，从正面和背面看楼身狭长，呈细条状，狭长的墙身上窗户错位而开。从侧面看，窗户和楼的阶梯造型一样呈阶梯形分布。

飞机楼（江梓桥楼）

地址	广州花都洛场村		
建造时期	1937年	楼主	江梓桥
侨居国	美国	建筑层数	3.5
建筑类型	碉楼	建筑结构	青砖结构

建筑简介

　　飞机楼，又名江梓桥楼，位于洛场村三队，建于1937年，中西合璧碉楼，由旅美华侨江梓桥出资兴建。该楼面朝西北，宽19.1米，进深12.3米，高三层半约有16米，建筑占地面积约234平方米；楼前院子以围墙围闭，整体占地面积约645平方米；外墙采用青砖墙，每层有飘出的阳台。

坦克楼（江梓球楼）

地址	广州花都洛场村		
建造时期	民国时期	楼主	江梓球
侨居国	美国	建筑层数	3.5
建筑类型	广府民居洋房	建筑结构	青砖结构

建筑简介

坦克楼，又名江梓球楼，位于洛场村三队，与飞机楼为"兄弟楼"，由旅美华侨江梓球出资兴建。坦克楼高三层半，坐西向东，宽6.9米，进深16.1米，楼的南侧有宽4米的平房，与主楼以3.2米宽的天井相隔，整个建筑占地面积达338平方米；青砖结构，是洛场村唯一一栋绿琉璃瓦面屋顶建筑。

彰柏家塾

地址	广州花都洛场村		
建造时期	20世纪20年代	楼主	江彰柏
侨居国	美国	建筑层数	3
建筑类型	碉楼	建筑结构	青砖结构

建筑简介

彰柏家塾位于洛场村八队，建于20世纪20年代，由旅美华侨江彰柏出资兴建。楼坐西向东，宽5.7米，进深11.4米，高三层约10.5米，建筑占地面积约65平方米；平顶屋面，青砖墙。

澄庐（活煊楼）

地址	广州花都洛场村		
建造时期	20世纪30年代	楼主	江活煊
侨居国	美国	建筑层数	3.5
建筑类型	碉楼	建筑结构	砖木结构

建筑简介

澄庐，又名活煊楼，位于洛场村八队。该楼建于20世纪30年代，中西结合式碉楼建筑，带有三间两廊的风格，由旅美华侨江活煊出资兴建。楼坐北朝南，宽12.5米，进深8.5米，高三层半约11米，建筑占地面积约106平方米；楼体方正，硬山顶屋面，有女儿墙围绕。

活元楼（剑楼）

地址	广州花都洛场村		
建造时期	民国初期	楼主	江活元、江活桥
侨居国	—	建筑层数	3
建筑类型	庐居	建筑结构	青砖结构

建筑简介

活元楼，又称剑楼，位于洛场村八队沈边庄。该楼建于民国初期，中西结合风格，由华侨江活元、江活桥两兄弟合资兴建。楼坐北朝南，宽11.5米，进深11.9米，高三层约11米，建筑占地面积约137平方米。二楼三楼均有露台，二楼室内通往露台的门口处修建了一座精致凉亭；在内部结构上，楼从中间被隔成两半，左右各有大门和厨房，且各自有楼梯，中间分隔墙设门使左右相通。

开诚楼

地址	广州花都洛场村		
建造时期	20世纪30年代	楼主	江开诚
侨居国	美国	建筑层数	3
建筑类型	碉楼	建筑结构	青砖结构

建筑简介

开诚楼位于洛场村八队，建于20世纪30年代，中西合璧建筑，由旅美华侨江开诚出资兴建。楼坐北朝南，宽13.6米，进深4.8米，高三层约14米，建筑占地面积约65.3平方米；硬山顶屋面，青砖墙，拱形窗，红方砖铺地，木质楼面与楼梯，楼墙体有铁拉码固定。顶层围栏上立着一只鹰的雕塑。

津仁楼

地址	广州花都洛场村		
建造时期	20世纪30年代	楼主	江津仁
侨居国	美国	建筑层数	3.5
建筑类型	碉楼	建筑结构	砖木结构

建筑简介

　　津仁楼位于洛场村八队，建于20世纪30年代，中西合璧建筑风格，呈长方形，北侧带有附属建筑，由华侨江津仁出资兴建。楼坐西朝东，主楼宽约5米，进深约12米，高三层半约12.5米，右侧带有一层约4米宽的房间，建筑占地面积约110平方米。津仁楼为平顶屋面，大砂砖墙，大红方砖铺地，楼内为木质楼面和楼梯，墙体有两层铁拉码固定。

江启楼

地址	广州花都洛场村		
建造时期	20世纪30年代	楼主	江启
侨居国	—	建筑层数	2
建筑类型	广府民居洋房	建筑结构	砖木结构

建筑简介

江启楼位于洛场村八队，建于20世纪30年代，中西合璧广府民居洋房，带有三间两廊风格，由华侨江启出资兴建。楼坐西向东，宽约12米，进深约11米，高两层约8米，建筑占地面积约132平方米；硬山顶屋面，青砖墙，拱形窗，红方砖铺地，楼内结构为木质楼面和楼梯。

静观庐（悦远楼）

地址	广州花都洛场村		
建造时期	20世纪30年代	楼主	江悦远
侨居国	美国	建筑层数	3.5
建筑类型	碉楼	建筑结构	青砖结构

建筑简介

静观庐，又名悦远楼，位于洛场村八队。该楼建于20世纪30年代，由旅美华侨江悦远出资兴建。楼坐西南朝东北，宽8.5米，进深7米，高三层半约12米，建筑占地面积约60平方米；平顶屋面，青砖墙，红方砖铺地，楼内为木质楼面和楼梯，楼墙体有铁拉码固定。

活钦庐（开宏楼）

地址	广州花都洛场村		
建造时期	20世纪30年代	楼主	江开宏
侨居国	美国	建筑层数	3.5
建筑类型	碉楼	建筑结构	钢筋混凝土

建筑简介

活钦庐，又名开宏楼，位于洛场村八队，该楼建于20世纪30年代，中西合璧建筑风格，由旅美华侨江开宏的父亲出资兴建。楼坐西北朝东南，宽8.8米，进深12米，高三层半约14.3米，建筑占地面积约106平方米；平顶屋面，大砂砖墙，拱形窗，红方砖铺地，楼内为钢筋混凝土楼面和楼梯。楼正面女儿墙上砌有三角形照壁，照壁上有灰塑阳刻"活钦庐"字样，两边有灰塑狮子，生动威猛。

鹰扬堂（自谦楼）

地址	广州花都洛场村		
建造时期	20世纪30年代	楼主	江自谦
侨居国	美国	建筑层数	3.5
建筑类型	碉楼	建筑结构	—

建筑简介

鹰扬堂，又名自谦楼，位于洛场村八队，建于20世纪30年代，中西合璧风格，呈长方形，由旅美华侨江自谦出资兴建。楼坐西北朝东南，宽约4.6米，进深约11米，高三层半约14米，建筑占地面积约50平方米。楼的右侧带有附属建筑，宽约9米，进深约11米，与主楼以2.4米的巷道相隔，楼前有约108平方米的院子。鹰扬堂楼顶富有欧陆风情，第三层上方砌有拱形照壁，照壁上塑有一只展翅欲飞的雄鹰，照壁正面有灰塑及"鹰扬堂"字样，两侧分别写有"江林记造""江河平作"。主楼使用大砂砖和青砖相间砌成条形的墙体，窗户边墙体利用两种砖竖着间隔砌成，形成"斑马"条纹墙体。

拱日楼（作正楼）

地址	广州花都洛场村		
建造时期	20世纪20年代	楼主	江作正
侨居国	美国	建筑层数	4.5
建筑类型	碉楼	建筑结构	砖混结构

建筑简介

拱日楼，又名作正楼，建于20世纪20年代，中西合璧建筑，由旅美华侨江作正出资兴建。从平面布局来看是三间两廊式样，坐西朝东，宽11.8米，进深11.6米，高四层半约17.5米，建筑占地面积约137平方米；平面呈正方形，平顶屋面，楼身以青砖砌成，红方砖铺地，楼内为钢筋混凝土楼面和楼梯，坚实稳固。

穗庐

地址	广州花都洛场村		
建造时期	20世纪30年代	楼主	江作周
侨居国	美国	建筑层数	3
建筑类型	碉楼	建筑结构	砖木结构

建筑简介

穗庐位于洛场村九队，建于20世纪30年代，中西合璧建筑风格，由旅美华侨江作周出资兴建。楼坐西向东，总宽约12米，总进深约11.5米，高三层约12米，总占地面积约138平方米；其中主楼宽约5米，进深约11.5米，主楼占地面积约57平方米。硬山顶屋面，青砖墙，拱形窗，红方砖铺地，楼内为木质楼板和楼梯，墙体有铁拉码固定。楼两侧开两扇门，两扇门侧均为洗石米外墙，门额上有灰塑。正面女儿墙砌有花瓶式照壁，照壁正前方有"穗庐"两字。主楼右侧附属建筑为厨房，坡屋面，硬山顶，墙砌女儿墙；后部两层，硬山顶，作为房间。

桂添楼

地址	广州花都洛场村		
建造时期	20世纪30年代	楼主	江桂添、江桂洪、江桂廷
侨居国	美国	建筑层数	2
建筑类型	广府民居洋房	建筑结构	钢筋混凝土

建筑简介

桂添楼位于洛场村九队，建于20世纪30年代，中西合璧广府民居洋房，带有三间两廊风格，由旅美华侨江桂添、江桂洪、江桂廷合资兴建。楼坐西向东，宽约12米，进深约11.5米，高二层约9.5米，建筑占地面积约138平方米。硬山顶屋面，青砖墙，红方砖铺地，楼内为钢筋混凝土楼面和楼梯。

桂昌楼（作朗楼）

地址	广州花都洛场村		
建造时期	20世纪30年代	楼主	江作朗
侨居国	—	建筑层数	3.5
建筑类型	碉楼	建筑结构	钢筋混凝土

建筑简介

桂昌楼，又名作朗楼，位于洛场村九队，建于20世纪30年代，中西合璧碉楼式建筑，带有三间两廊风格，由华侨江作朗出资兴建。楼坐西向东，宽约12米，进深约11.5米，高三层半约14米，建筑占地面积约138平方米。硬山顶屋面，青砖墙，红方砖铺地，楼内为钢筋混凝土楼面和楼梯。

桂帮楼

地址	广州花都洛场村		
建造时期	20世纪20年代	楼主	江桂帮
侨居国	—	建筑层数	2
建筑类型	碉楼	建筑结构	砖木结构

建筑简介

桂帮楼位于洛场村九队,建于20世纪20年代,中西合璧风格,由华侨江桂帮出资兴建。楼坐西向东,总宽约12米,总进深约11.5米,总占地面积138平方米;其主楼宽约5米,进深约11.5米,占地面积约57平方米。硬山顶屋面,青砖墙,拱形窗,红方砖铺地,楼内结构为木质楼面和楼梯。

廷辉楼（春鸿楼）

地址	广州花都洛场村		
建造时期	1935	楼主	江春鸿
侨居国	秘鲁	建筑层数	3
建筑类型	碉楼	建筑结构	砖木结构

建筑简介

廷辉楼，又名春鸿楼，位于洛场村九队，建于1935年，中西合璧碉楼建筑，由华侨江春鸿出资兴建。楼坐西向东，总宽约12米，总进深约11米，高三层约12米，总建筑占地面积约132平方米；硬山顶屋面，青砖墙，拱形窗，红方砖铺地，楼内为木质楼面和楼梯，楼墙体有铁拉码固定。楼正面有屋形照壁，照壁正面有灰塑花纹和阳刻"廷辉"二字。

附录六 文化地域性在华侨园林中的体现

——以开平立园为例 [①]

1 研究背景

1.1 文化地域性的概念界定

所谓"文化地域性"是指文化在一定的地域环境中与环境相融合，打上了地域烙印的一种独特的文化，具有独特性。本文主要分析影响立园文化形成的传统地方文化和外来文化。一座完整园林是由园林的各种景观要素通过特定的组合方式形成独特的空间结构。本文通过分析立园的空间结构、水景、植被、建筑四大主要景观要素及其组合方式所体现的立园的文化思想特性来揭示其文化地域性内涵。

1.2 历史背景及研究进展

立园位于广东开平塘口镇北义乡，占地约11013.99平方米，由旅美华侨谢维立于20世纪20年代开始兴建，历时十年（1936年）建成。1893年，清政府颁布上谕，废除海禁政策，国内外交流日益频繁，园主谢维立少小离家前往美国芝加哥求学，而后接管家族生意，于20世纪初多数华侨回国建设家乡的高潮时期受父命回乡建园。

华侨园林作为岭南园林的一个分支在近20年来得到少数学者的关注和研究。有关华侨园林的文献论著目前少之又少，关于开平立园的论著更是屈指可数，与其相关的建筑与园林规划学方向的研究总共十篇左右，研究的内容

---

① 本文发表于《建筑与文化》2021年第5期，收入本书略有改动。

范围主要涉及立园的规划布局、建筑与装饰风格特征、园林景观布局分析等几个层面。

在规划布局层面，2002年黎颖、周文在《开平立园造园艺术简析》中最早指出立园的原有布局分为东区、西区、南区、入口东南区四部分，认为东区建筑采用单栋独立式别墅布局；西区受到中式牌坊及打虎鞭这组建筑与南面的虎山主峰对应形成的与河岸垂直的轴线控制。2007年谭金花在《从建筑和文化的角度看开平立园的造园思想》一文中指出开平立园的村落布局源自岭南传统的"梳式"村落结构；在整体布局上，中西两种造园观念皆有，但更偏重于西方园林的轴线对称观念。2017年张超的文章《江门侨乡近代私家园林立园的艺术形态研究》则认为立园轴线的划分是以运河为主轴将园林分为南北部分，提出"南部为别墅区和大花园区，北部为小花园区"。总之，规划研究文献均认同立园整体布局分为别墅区（东区）、大花园区（西区）、小花园区（南区）三个区，结合了中西不同的轴线统筹方式。

在建筑与装饰风格层面，对其风格来源有两种不同的看法，一种是受西方"折中主义"的影响，另一种是受"中国固有式"的时代主张的影响。《开平立园造园艺术简析》认为其建筑风格受到西方"折中主义"的影响。《立园装饰的设计理念及其理论价值和实践意义》一文从建筑装饰文化角度分析了立园建筑装饰特征，认为设计建造受"建筑即装饰，装饰即建筑"思想的影响，倡导装饰主义。而《从建筑和文化的角度看开平立园的造园思想》指出立园主体建筑采用的是20世纪20年代流行的"中国固有式"的建筑风格。

在园林景观布局层面，以往研究学者都关注到了西方的几何化形式的景观规划布局。陆琦在《开平立园》中提出立园主体的规划布局采用了中轴对称的几何形平面构图和中西方结合的建筑造型。《开平立园造园艺术简析》则指出立园在规整几何化的大片草地上散种与南方气候相适应的大榕树，草地周边再用低矮的植物镶边点缀。

2 研究问题及展开

目前有关开平立园的研究工作进展尚处于初级阶段，文献主要从宏观的角度陈述、整理既有资料事实或概括总结文化内涵，较少从微观的角度对立园的景观要素进行分析。为进一步认识近代华侨园林，从最具代表性的开平立园出发，研究其表象下所体现的地域文化及其时代内涵，本文针对立园的文化地域性，以园林空间结构、水景、植被、建筑四大景观要素作为研究出发点，主要研究内容包括：(1) 与传统岭南庭院相比较，研究两者空间结构的异同，探析其空间结构背后所表达的思想文化差异；(2) 通过中西方园林水体特点与立园水体相比较得出立园水体特征，分析水体在华侨园林中的运用方式及功能的变化；(3) 通过中西方园林的植被及其配置方式特点与立园植被特点相比较，从地域性的角度分析其植被类型与配置方式，挖掘其地域文化特征；(4) 详细分析开平立园建筑平面布局、立面造型、建筑材料与结构、建筑装饰与色彩、建筑物理性能等各方面特征，并与开平传统民居建筑相比较，揭示其文化地域性。通过以上内容总结华侨园林的文化地域性。以下将从立园的空间结构、园林的理水方式、植被的栽培方式到园林的建筑特点来分析立园主要景观要素的具体特征。

2.1 立园空间结构特征：岭南园林"宅园合一"与立园"宅园分区"空间结构的对比

通过资料收集与实地调查走访发现，立园现今的规划在原始的规划基础上进行了扩展并注入了新的时代内涵。现今的立园总共分为前花园区、别墅区、大花园区、小花园区、新建区五个分区。图1为现今立园总平面，图2为扩展建设前后的立园范围，扩展建设前立园是本文研究的场地范围。

岭南园林造园讲求经济务实，不拘泥于传统形制与模式，空间结构通常表现为"宅园合一"的庭园空间，以作为最主要的公共生活空间的庭园为核心布局，将日常功能与休闲娱乐有机结合起来，例如广州余荫山房（图3）、东莞可园（图4）等。务实的思想在立园中也有所体现，但呈现的方式与传统岭南园林有所不同，立园中相互独立的别墅区与两个花园区呈现出"宅园分区"的空间结构模式；别墅区的建筑功能结构为一个家族共同使用建筑各部分功能，并且有其生活的中心场所，如对外的公共厅堂、家族的祠堂以及共同使用的生活院子，呈现出一种大家族分户独立、各户功能配套设施齐全、室内生活与户外

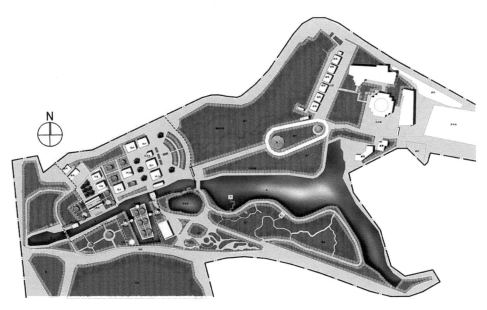

图 1 立园总平面

（图片来源：作者自绘）

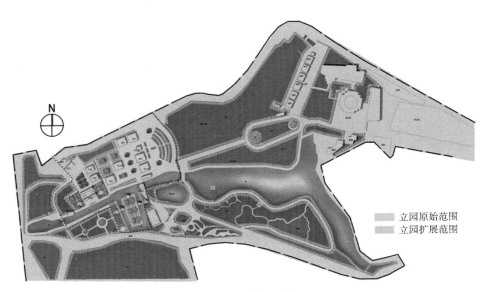

立园原始范围
立园扩展范围

图 2 立园新旧区域

（图片来源：作者自绘）

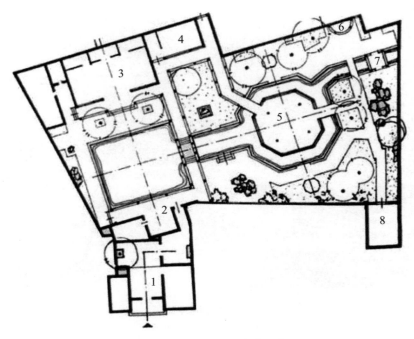

图3 "宅园合一"式余荫山房

（图片来源：https://www.guayunfan.com/baike/889143.html）

图4 "宅园合一"式东莞可园

（图片来源：https://www.sohu.com/a/213867327_779664）

休闲相对隔离的状态，不同于传统的岭南私家园林。立园的务实性也体现在居住使用方面，建筑采用科学合理的平面布局，配以先进的生活设备，创造出舒适的人居环境（图5）。

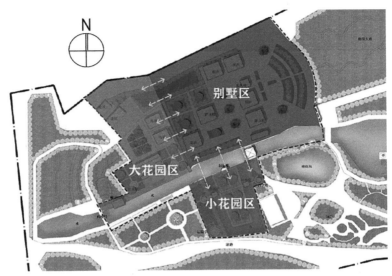

图 5　"宅园分区"式立园

（图片来源：作者自绘）

造园出发点影响着立园空间结构的形成。立园一对联的上联"立身为齐家之本注重庄修提倡憩游欢迎梓里同游遍观智水文澜无限怡情真适意"道出了园主为志同道合的才人志士提供文学交流、休闲放松的公共环境的建园目的，体现了立园开放融通的园林特征。将宅园分区一方面便于对外开放供外人欣赏，另一方面保证自家的生活不被外人干扰，是岭南园林布局的一大创新。下联"园林乃救国之基振兴种植增加生产利便乡邻共乐仰望灵山秀岭多余美景可骋怀"道出了发展种植业，以求增加生产保障百姓温饱的又一建园目的，体现出立园的务实美学思想以及园主振兴国家的建园理想。因此立园的造园出发点是"入世"的，体现了园主心寄国家命运的思想，启示后人奋发图强，为国奉献。

2.2　水景及其艺术与实用价值：实用性与景观效果并存

中国园林的物质生态构建中，理水极为重要。据悉立园园主在立园西南开凿了1000米长的水道引入谭溪活水。现今为保护园中水质切断了源头，园外水道痕迹陈年消逝。

立园的水体形态倾向于岭南园林的规整式池沼类型，池沼面积比湖海小，风波也小，往往具有平静清幽、灵巧可亲的特征，其规整式的水体形态的形成也与园主务实的美学思想息息相关。

立园水体的布局方式与传统岭南园林不同。园中水道是形成立园格局的重要因素，立园的水体呈带状将大小花园分化，大小花园的规划轴向均指向园中水体（图6），大小花园内部的造景与园中水体的联系有些薄弱，水体偏于花园一侧，与传统岭南庭园理水时通常将水置于园中，围绕水景造园或以水庭为中心的布局方式有所不同。

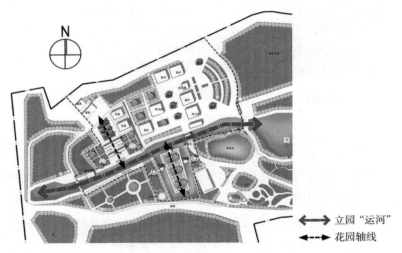

图6　立园花园轴线与水体关系

（图片来源：作者自绘）

立园水体则表现出很强的实用性，体现为以下四点：（1）如同岭南传统村落的"梳式"布局，于村落设置水潭，立园的南向设置带形水道，一方面利于防洪排水，另一方面水汽蒸发结合开平夏季东南风可起到缓解夏季炎热、改善环境和调节小气候的作用；（2）立园水道是园林对外极其重要的交通枢纽。20世纪20年代外国物资运输到江门多以水道为主，通过潭江运输至各地。立园采用的建筑材料如意大利水磨石、德国钢、英国水泥、喷砂石等以及许多家具与生活设备皆由外国进口，通过潭江水路运输转为立园的水道运输。可见立园的水道是极为重要的交通方式，为建筑与园林的建造提供了极大的便利；（3）大牌坊前面的"码头"的两个逃生口，分为两条地下通道与乐天楼连通，便于在土匪侵袭时逃生，因此水道也被用作危险发生时的紧急逃生通道；（4）从园主发展种植业的思想来看，立园水道也可用于园内植物灌溉，可见立园水道的实用功能。

立园的水体也具有观赏性。立园的水体景观与桥、亭相互衬托点缀。园中归根桥与晚香亭将水面划分为三个部分，从桥与亭上可欣赏到不同的水体生态景观。水体围绕出的岛即小花园区，于岸边设立的挹翠亭与晚香亭形成对景。无论从挹翠亭看晚香亭或从晚香亭看挹翠亭，都构成了一幅如诗如画、亭水相依的画面（图7、图8）。立园水之美的体现与其他景物相依托，多种景观类型组合形成并丰富了水体的生态景观。

图7　从挹翠亭观望晚香亭

（图片来源：作者自摄）

图8　从晚香亭看挹翠亭

（图片来源：作者自摄）

2.3 植被景观及其配置方式：中国古典园林的植物景观与西方古典园林的植被规划相结合

立园的园林花木基本选取岭南园林普遍采用的花木类型。大花园的"本立道生"牌坊的对联上写着"本是共乐精神关怀桑梓，培植芝兰园林因之而立；道为同荣气象栽种竹梅，灌溉桃李亭荫藉此以生"，联中"芝兰""竹梅"正是岭南园林中常见的植物类型。"竹"生性强健、枝繁叶茂，在中国文化中有着深刻的内涵，与务实的岭南文化相吻合，"梅"也代表着坚强、高雅和忠贞。古人通常用"芝兰""竹梅"体现人的精神品质，此联"芝兰"传达出园主告诫人们要始终如一保持自己的品德和修为，借"竹梅"喻人要有骨气和坚贞的高尚品质。由此可看出园主造园之时对花木类型的选取十分讲究，选取的植物类型均有其历史典故并具有深刻的含义，体现出立园花木景观同样遵循着中国传统园林景观选择植物类型的思想（图9）。

图9 立园"本立道生"牌坊

（图片来源：作者自摄）

通过史料分析，立园中除"芝兰""竹梅"之外，还有松树、万利树、大榕树等传统岭南花草树木，在现代经过人工修葺之后增加了许多植物类型，但修葺方式上基本保留了立园原本景观面貌。在植物配置方面，中国古典园林喜欢模仿自然山水的形态，绿植多采用孤植形式，而西方古典园林倾向于采用规整对称的规则式园林，植物景观多为规则式并采用乔木、灌木的结合方式。立园在植物造景手法上借鉴了西方的几何式规划布局手法，在配置方式上因地制宜地改良了西方乔木与灌木的结合方式，采用适应岭南气候的大榕树配以低矮花草的方式，整体呈现为在规整几何式的大片草地上配以岭南地区大型遮阴树种的植物栽植特点。

综上，立园的园林花木景观可以总结为将中国古典园林的植物景观与西方古典园林的规划手法相结合，是独具中西韵味的创新性华侨园林（表1）。

立园现今植被类型　　　　　　　　　　　　　　　　表1

植物名	石粟	簕杜鹃	金镶玉竹	秋枫	苏铁	细叶榕	桂木	木棉	龙眼	枕榔树
科属	大戟科	紫茉莉科	禾本科	大戟科	苏铁科	桑科	桑科	木棉科	无患子科	棕榈科

表格来源：作者自制

2.4 立园建筑特点：内敛与开放兼具，装饰与实用并存

立园中建筑类型丰富多样，包括别墅、庐、碉楼、传统坡屋顶建筑四种主要功能性的建筑以及桥亭、花藤亭、鸟巢等观赏性建筑，其中以泮立楼为代表的中西合璧式别墅最能代表立园建筑的艺术特征。以下将主要以泮立楼的平面布局特征、立面造型特征、建筑材料与结构、建筑装饰与色彩、建筑物理性能等五个方面来总结作为华侨园林建筑代表的立园建筑与开平传统民居的异同。

（1）平面布局特征：三间两廊式传统民居的演进

1893年清朝废除海禁，华侨们与侨乡取得联系，纷纷回乡投资建设，居住建筑布局逐渐突破开平地区三间两廊式的传统民居形式（图10），在立园建筑中也有所体现。立园泮立楼的平面布局（图11）与开平传统三间两廊民居有许多相似之处，但也有很大的不同。传统三间两廊民居平面均为方形，面宽均

图 10　开平传统三间两廊式平面

（图片来源：张万胜.开平市仓东古村"三间两廊"传统民居建筑特征研究[J].
广东土木与建筑，2013，20(11)：31-33.）

为三开间，各空间大小及尺寸比例相近，整体呈中轴对称式；泮立楼容纳的人口总数比传统三间两廊民居多，一栋建筑一家人居住，不同于传统的联合家庭的结构模式；同时，房主有在国外生活的独特背景与经历，生活习惯与当地百姓有所不同，因此在平面布局与功能分布上有一定的差异，主要体现在以下几个方面。

　　首先，由于人口增多，受建筑占地面积局限，增加了建筑层数，因此功能分布出现了差异：首层主要包括对外接待的客厅、餐厅及后勤厨房，二三层为主人及其夫人的主要内部生活空间，每层两个房间、一间厨房及卫浴间和书房，祖先堂设于屋顶层。从功能分区上可以看出首层为对外区，二层及以上为对内区，内外、动静分区明确独立。

　　其次，传统三间两廊式民居由于只有一层，因此将祖先及天神位设于房屋最中心的位置即中间开间的公共厅堂处。由于功能分布的改变，泮立楼将祖先位设置于建筑最高处的屋顶层，空间独立出来。在建筑外观上看祖先堂高耸突出，体现出祖先的至高地位。因此，传统民居与泮立楼的祖先堂在选取位置与呈现方式上有所不同，但选址的中心思想一致，均体现出对先人及神灵的敬重。

　　此外，泮立楼等多栋立园建筑在平面上增加了20世纪20年代建筑少有设置的外廊，以此适应开平地区炎热的气候，在空间上使得室内与室外形成了过

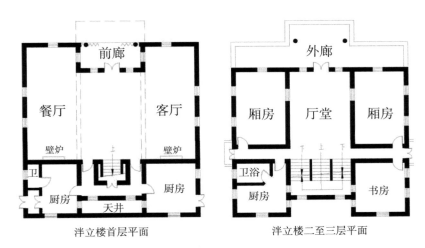

泮立楼首层平面

泮立楼二至三层平面

泮立楼屋顶平面

图11 泮立楼平面图

（图片来源：作者自绘）

渡的灰廊空间，通过外廊可以获得更宽广的景观视野。外廊的引入使得建筑更加开放、活泼，建筑空间也更加明朗开放。

综上所述，开平传统三间两廊式民居的平面布局相对封闭、内敛，对外性较弱；泮立楼在三间两廊的平面基础上加以改进，增加了对外空间，内外分区明确，并引进外廊，增加了空间层次，使建筑开放性更强。

（2）立面造型特征

立园建筑将西方建筑形式与当地传统民居相融合，形成风格多样、各具造型特色的华侨建筑群。与开平传统民居的外观造型相比，立园建筑在立面的划分方式、柱式的运用及屋顶形式方面有了新的变化与发展。

① 立面的划分方式

开平传统三间两廊式民居在立面上的处理手法较为简略，墙面根据功能开窗，立面层次一般包括屋身及双坡屋顶，不设台基；立园的建筑立面造型更倾向于西方古典建筑的立面构图特点，采用三段式的构图方式，在符合逻辑美感的几何构图中综合考虑三者的平衡关系。立园别墅在立面划分手法上以水平划分为主，水平划分与垂直划分两种方式并存。园中泮立楼、泮文楼、炯庐、明庐、稳庐、乐天楼立面采用水平划分方式，其中以泮立楼的"三段式"立面构图方式最具代表性。水平划分的立园建筑立面呈现出下实上虚的虚实关系，建筑底层以实墙面为主，上层以外廊或窗户的虚面为主。晃庐立面垂直划分，竖向将立面根据开间划分为三个部分，采用两边实中间虚的虚实关系，重点突出中间入口门厅部分。水平与垂直两种划分方式均秉承中轴对称的原则着重立面渲染，在立面构图上增加韵律，给人以震撼之感（图12）。

② 柱式的运用

立园建筑中的柱式均为西方古典柱式。立园建筑柱式按类型分为爱奥尼式和科林斯式，按组合形式分为壁柱式、巨柱式、叠柱式以及券柱式。柱式通常运用在立园建筑正面的入口部分，加强装饰性以突出建筑入口门厅，其他立面以简单壁柱修饰。晃庐在建筑正面运用了巨柱式，柱子贯通整个高度，使建筑显得高大雄伟。炯庐运用叠柱式，首层与二层分别采用了科林斯、爱奥尼柱式。泮立楼正面采用了帕拉迪奥母题的券柱式，在立面正中两柱之间增加两个小柱上面架起拱券，将一个开间划分为三个小开间的立面构图方式。这些柱式的运用手法均为西方古典建筑普遍采用的立面构图手法。立园各建筑房主将西方古典柱式与开平传统民居融合，运用不同柱式及手法，形成了带有西方古典韵味、丰富独特的建筑景观。

③ 屋顶形式

立园建筑包括中国传统坡屋顶以及西式平屋顶两种形式。园中泮立楼和

泮立楼（水平划分）　　　　　　　　明庐（水平划分）

晃庐（垂直划分）

图 12　立园建筑立面划分方式

（图片来源：作者自摄）

泮文楼均采用中国古代建筑中最高等级的屋顶形式庑殿顶，采用绿色的琉璃瓦，饰以龙脊、吻兽。毓培别墅采用了重檐歇山顶，其上增加六角形攒尖顶压顶，造型新颖、手法纯熟，两种屋顶形式结合毫无违和感。其他庐及别墅则采用西式平屋顶：采用花瓶柱装饰的女儿墙或实墙面，在建筑正面女儿墙正中竖立巴洛克式山花并结合中式楼牌，起到增加屋顶厚实感与稳重感、聚焦立面视觉中心的作用。此外，厨房、阅报室等辅助用房则采用传统民居的硬山顶形式，以弱化其存在感，突显主体建筑的庄严华丽。屋顶形式的选择在一定程度上反映了各建筑在立园中地位的重要程度，体现了各建筑主人的家族威望（图13）。

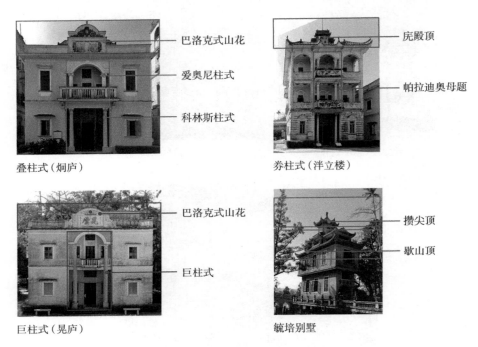

叠柱式（炯庐）   巴洛克式山花   爱奥尼柱式   科林斯柱式

券柱式（泮立楼）   庑殿顶   帕拉迪奥母题

巨柱式（晃庐）   巴洛克式山花   巨柱式

毓培别墅   攒尖顶   歇山顶

图13　立园建筑柱式与屋顶形式图

（图片来源：作者自绘）

（3）建筑材料与结构

开平当地的建筑材料通常以青砖、陶瓦、坤甸木、柚木、杉木、红糖、黄土、白灰、沙为主，采用砖木结构，以砖墙承重。开平地区当年属于"三不管"地带，常有土匪出没，为抵挡外来侵袭，立园建筑大量采用国外引进的材料，如钢筋、混凝土、玻璃、铁、瓷砖、喷砂石等，并采用钢筋混凝土的框架结构，使建筑更加耐久、坚固。

（4）建筑装饰与色彩

立园的室内建筑装饰受中华传统思想文化的影响，体现出中华文化底蕴与地区民俗信仰。立园建筑室内大量采用岭南灰塑画，并非选取当时流行的以飞机、火车、高楼大厦为主题的现实社会题材来表现对西方社会文明的憧憬，而是采用以"求才求将"为主题的中国传统民间故事如"三聘诸葛""张九龄点兵"等，表现出建筑主人对才人志士的珍重，寄寓求得贤才振兴国家的愿望。选取这一类题材也具有教化育人的目的，教育后人学会"仁""义""礼""智""信"，传承祖国优秀的传统文化。此外，部分建筑装饰也有开平当地常采用的"富贵、如意、吉祥、多子多福多寿"等题材，以表达主人的祝福与愿望（图14）。

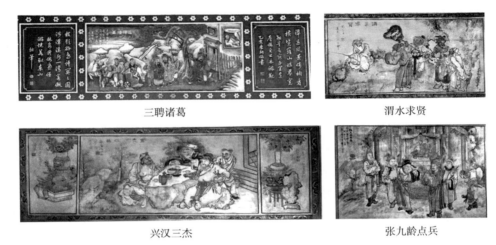

三聘诸葛　　　　　　　　　　　　　　　　渭水求贤

兴汉三杰　　　　　　　　　　　　　　　　张九龄点兵

图14　泮立楼室内岭南灰塑画

（图片来源：作者自摄）

立园建筑室内装饰也受到西方社会文明的影响，大量运用西方的室内装饰题材，如壁柱、壁炉、几何图形等，特别是几何元素被大量运用，如圆形图案的地面砖、方形网格天花、马赛克与花朵图文地面等。西式餐桌餐具、马桶浴缸等西式风格的家具也是室内装饰风格的重要体现。由于进口颜料的引进，在装饰色彩上，立园建筑从传统民居的朴实素雅走向亮丽与张扬。立园建筑室内既有开平传统民居的朴素色调，又融合了西方绚丽多彩、高调奢华的装饰艺术基调，大胆运用鲜艳色彩搭配组合，整体呈现出"中西交融"的装饰色彩特征（图15）。

壁柱

几何形装饰天花

壁炉

图 15 立园别墅室内装饰

（图片来源：作者自摄）

（5）建筑物理性能

立园建筑的物理性能在一定程度上来说要优于开平的传统民居。岭南地区气候炎热，立园建筑在水平平面布局上考虑了通风散热，建筑在南北方向大量开窗，建筑总体窗户面积至少为传统民居窗户面积的三倍，采光面积大，东西向为避免日晒开较少的窗并设外廊防晒。厨房与厢房中间的走道端头夏季开门可形成"冷巷"一般的通风道，同时在厅堂两侧墙壁上方设置了漏窗利于室内空气流通。

在竖向上立园建筑也形成了一套通风导热系统。泮立楼、泮文楼等建筑的坡屋顶是建筑垂直散热系统的重要组成部件之一。夏季，坡屋顶可在一定程度上削减太阳辐射热，建筑室内的热空气上升传至屋顶，坡屋顶与屋顶平台形成一道通风间层，冷空气从老虎窗进入通风间层内，围绕屋顶循环一圈从排气口排出，从而降低室内温度。冬季，老虎窗、排风口关闭，使用壁炉，热空气在壁炉内传导并将通风间层内空气加热，使原本的隔热层变成保温层，起到建筑保温的作用。可见立园建筑巧妙地将传统坡屋顶形式与先进的建造技术结合，提高了建筑的物理性能，使得建筑装饰性与实用性和谐并存（图16～图18）。

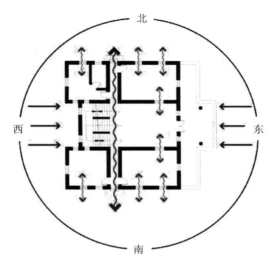

图 16 泮立楼水平通风分析图

（图片来源：作者自绘）

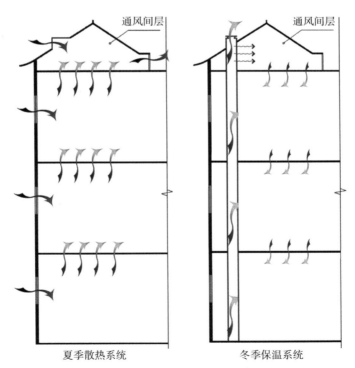

夏季散热系统　　　　　　冬季保温系统

图 17 泮立楼垂直通风系统

（图片来源：作者自绘）

泮立楼老虎窗

泮立楼屋顶排气口　　　　　　　　泮立楼壁炉烟囱

图18　泮立楼屋顶通风细节

（图片来源：作者自摄）

3 总结与展望

3.1 研究总结

　　在20世纪20年代的中国，社会仍然存在着建筑及园林的审美冲突，立园等新兴的华侨园林跨越审美冲突的阶段是漫长、艰难和复杂的。立园被人们所接受必然经历了当时历史背景下的群体性的审美冲突，不同群体代表着不同的审美文化，而审美文化因地域不同、时代不同、阶层不同而存在差异。因此群体性的冲突在地域性冲突、时代性冲突、阶层性冲突中得到体现，立园以其中的文化地域性冲突表现最为显著。

从四大主要景观要素分析可以总结出立园文化地域性的主要体现：（1）在空间结构上，西方文化的引入改变了以往中国园林的空间结构，开放性增强，从封闭内敛的私家园林逐渐走向活跃开放的近代公共园林，促进了中国园林的近代发展历程；（2）在园林理水上，立园延续了中国古典园林中以水体作为景观核心的思想，在形式上借鉴了西方古典园林水体的规则式处理并讲求水体实用性；（3）在植被处理上，立园运用中国古典园林的景观植物类型与西方古典园林的规划手法相结合，注重植物的气候适应性；（4）在建筑处理上，延续并发展了当地传统民居特点，融合了与当地气候相适应的西方建筑元素，形成"中西合璧"的独特建筑风格。从以上四者均可看出立园的景观要素既受到开平地区的审美习惯的统筹，又受到西方文化及园林与建筑审美的影响，中西文化在园林的建造中并不完全是相互冲突、相互分离，在立园的建造上更多地体现出的是中西文化的相互协调与补充。

3.2 研究展望

通过园林空间结构、水景、植被、建筑的分析体现出中西文化地域性的冲突与融合，由于立园建设时所处的时代正是"中国固有式"建筑潮流与西方"折中主义"建筑风潮盛行的时代，立园在园林与建筑中均体现了受这两种潮流影响的时代性冲突；在社会阶层上出现履历丰富、经济雄厚的华侨这一新兴阶层与儒家礼制体系的阶层结构相互冲突，同时也为中国社会阶层结构注入新的时代内涵，刻下了新时代的文化烙印。立园园林风貌所体现的价值观念并非个体，而是代表了近代同类的华侨园林。本文对近代华侨园林的典型代表立园的文化地域性进行了探讨，望以后的学者继续解读立园的时代性冲突与阶层性冲突，进一步解释以立园为代表的华侨园林的审美文化内涵。

［1］广州市地方志编纂委员会.广州市志（卷十八）[M].广州：广州出版社，1996.

［2］陆元鼎，魏彦钧.广东民居[M].北京：中国建筑工业出版社，1990.

［3］姜省.文化交流视野下的近代广东侨居[J].华中建筑，2010（4）：148-151.

［4］任健强.华侨作用下的江门侨乡建设研究[D].广州：华南理工大学，2011.

［5］任健强，田银生.近代江门侨乡的建筑形态研究[J].古建园林技术，2010（2）：46-48.

［6］李海波.广府地区民居三间两廊形制研究[D].广州：华南理工大学，2013.

［7］孙蕾.近代台山庐居的建筑文化研究[D].广州：华南理工大学，2012.

［8］齐艳.广州近代乡村侨居现状及保护活化利用研究[D].广州：华南理工大学，2018.

［9］赵静歌.广东开平碉楼建筑立面的装饰艺术研究[D].苏州：苏州大学，2010.

［10］谭金花.广东开平侨乡民国建筑装饰的特点与成因及其社会意义（1911—1949）[J].华南理工大学学报（社会科学版），2013，15（3）：54-60+114.

［11］吴珊.开平碉楼中建筑装饰元素的审美特征[J].嘉应学院学报，2016，34（4）：98-100.

［12］张博.南粤民间巴洛克建筑山花艺术研究[D].广州：广州大学，2018.

［13］郑子敏.五邑地区开平碉楼及村落建筑装饰艺术研究[D].广州：广东工业大学，2019.

［14］柯登证.广东典型地区骑楼立面差异及发展模式——以广州、开平、梅州、韶关为例[D].广州：中山大学，2010.

［15］郭焕宇.近代广东江门五邑与潮汕侨乡民居建筑装饰文化比较[C]//第六届海峡两岸传统民居学术研讨会论文集，2011：136-140.

［16］郭焕宇.近代广东侨乡民居文化比较研究[D].广州：华南理工大学，2015.

［17］曹嘉欣.广东江门与汕头地区近代侨乡村落比较研究[D].广州：广州大学，2017.

［18］司徒尚纪.广东文化地理[M].广州：广东人民出版社，1993.

[19] 林琳，任炳勋.广东地域建筑的类型及其区划初探[J].南方建筑，2005（1）：10-13.

[20] 钱毅，杜凡丁.2004至2005年开平碉楼普查及近代建筑普查方法的探索与实践[C]//2006年中国近代建筑史国际研讨会.北京：清华大学出版社，2006：170-185.

[21] 广东省地方史志编委会.广东省志·华侨志[Z].广州：广东人民出版社，1996：178.

[22] 孙谦.清代闽粤侨眷家庭的变化[J].南洋问题研究，1996（3）：68-75.

[23] 罗小未.外国近现代建筑史[M].北京：中国建筑工业出版社，2004.

[24] 钱毅.近代乡土建筑[M].北京：中国林业出版社，2015.

[25] 卢福汉.花都古村落探寻[M].广州：华南理工大学出版社，2018.

[26] 杨建成.三十年代南洋华侨侨汇投资调查报告书[M].台北：中华学术院南洋研究所，1983.

[27] 林金枝，庄为玑.近代华侨投资国内企业史资料选辑[M].福州：福建人民出版社，1985.

[28] 杨建成.三十年代南洋华侨团体调查报告书[M].台北：中华学术院南洋研究所，1984.

[29] 夏诚华.近代广东省侨汇研究（1862—1949）：以广、潮、梅、琼地区为例[M].新加坡：新加坡南洋学会，1992.

[30] 罗晓琪.近现代广东侨乡民居的外来影响研究[D].广州：华南理工大学，2015.

[31] 李晓虎.空心化背景下的开平碉楼与村落再利用研究[D].广州：广州大学，2018.

[32] 胡乐伟.近代广东侨乡房地产业与城镇发展研究（1862—1949）[D].广州：暨南大学，2011.

[33] 陈淑菡."微改造"下的广州洛场古村公共空间更新活化研究[D].广州：华南理工大学，2018.

[34] 王立明.开平碉楼中西交融建筑形式探讨[D].杭州：浙江大学，2008.

[35] 郭焕宇，唐孝祥.基于"消费型"特征的近代广府侨乡民居文化探析[J].华南理工大学学报（社会科学版），2013，15（3）：5.

[36] 唐孝祥，朱岸林.试论近代广府侨乡建筑的审美文化特征[J].城市建筑，2006（2）：3.

[37] 张复合，钱毅，杜凡丁.开平碉楼：从迎龙楼到瑞石楼——中国广东开平碉楼再考[J].建筑学报，2004（7）：82-84.

[38] 张国雄.从开平碉楼看近代侨乡民众对西方文化的主动接受[J].湖北大学学报（哲学社会科学版）.2004，31（5）：597-602.

[39] 许桂灵，司徒尚纪.广东华侨文化景观及其地域分异[J].地理研究，2004，23（3）：411-421.

［40］郭焕宇.近代广东侨乡民居文化研究的回顾与反思[J].南方建筑，2014（1）：25-29.

［41］郭焕宇，唐孝祥.近代广东侨乡家庭变化及其对民居空间的影响[J].建筑学报，2014（S1）：74-77.

［42］陆映春.近代中西建筑文化碰撞的产物——粤中侨乡民居[J].华中建筑，1999，17（1）：4.

［43］汤腊芝，汤小槚.析五邑侨乡传统建筑风貌与特色[J].建筑学报，1998（7）：35-37+67-77.

［44］林金枝.解放前华侨在广东投资的状况及其作用[J].学术研究，1981（5）：45-51.

［45］林金枝.近代华侨投资国内企业的几个问题[J].近代史研究，1980（1）：32.

［46］钱毅.开平碉楼的空间营造及近代侨乡村落空间演进中的文化承续[C]//2008年中国近代建筑史国际研讨会论文集.北京：清华大学出版社，2008：628-640.

［47］田银生，张健，谷凯.广府民居形态演变及其影响因素分析[J].古建园林技术，2012（3）：5.

［48］梅伟强.开平华侨与碉楼建筑[J].五邑大学学报（社会科学版），2002，4（2）：45-49.

［49］张泉.GIS技术在徽州古村落保护规划中的应用研究——以安徽省祁门县桃源历史文化名村保护规划为例[C]//2014（第九届）城市发展与规划大会论文集，2014：1-4.

［50］张弘，董元铮.传统民居地域性风貌特征的参数化解读与评价方法[J].小城镇建设，2011（9）：5.

［51］王炎松，郑红彬，左宜.基于生物学视角的近代西化民居分类研究——以江西乐平历史街区为例[J].新建筑，2009（6）：77-80.

［52］周文昭.符号学视角下的佛山洋楼研究[D].广州：华南理工大学，2009.

［53］郑力鹏.对广州近代建筑保护问题的一点思考[C]//2000年中国近代建筑史国际研讨会.北京：清华大学出版社，2001：501-504.

［54］陈耀华，张静茹.基于比较分析的开平碉楼基本特征与保护利用[J].生态经济，2013（1）：5.

［55］郭亮，粟梽桐，孙永生，等.广东省历史建筑保护与共享平台研究与应用[J].地理空间信息，2019，17（9）：5.

［56］陈静敏，郑力鹏.广州城中村历史建筑保护对策初探[J].华中建筑，2007，25（7）：4.

［57］司徒星.开平县志[M].北京：中华书局，2002.

［58］谭广清.广州市花都市志[M].广州：广东人民出版社，2010.

［59］黎颖，周文.开平立园造园艺术简析[J].南方建筑，2002（2）：38-41.

［60］谭金花.从建筑和文化的角度看开平立园的造园思想[C]//中国建筑学会建筑史学分

会，同济大学.全球视野下的中国建筑遗产——第四届中国建筑史学国际研讨会论文集(《营造》第四辑)，2007：228-237.

[61] 张超.江门侨乡近代私家园林立园的艺术形态研究[J].艺术科技，2017，30(2)：321-322+366+376.

[62] 杨克石，贾金柱.立园装饰的设计理念及其理论价值和实践意义[J].五邑大学学报(社会科学版).2017，19(4)：11-14+90.

[63] 陆琦.开平立园[J].广东园林，2008(1)：75-76.

[64] 陆秀兴.岭南四大名园的空间布局及其审美取向研究[D].暨南大学，2010.

[65] 李红梅，梁志健.浅析开平华侨园林奇葩——立园的园林环境修葺[J].现代园艺，2013(5)：42-43.

[66] 张万胜.开平市仓东古村"三间两廊"传统民居建筑特征研究[J].广东土木与建筑，2013，20(11)：31-33.